看漫畫學經典

# 孫子兵法 下

## 九變‧地形‧火攻‧用間

賽雷 著

U0001551

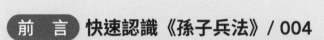
目錄

前言 孫子兵法

快速認識
《孫子兵法》

《孫子兵法》在中國軍事史上占有極重要的地位，也被廣泛運用在政治、經濟、軍事、文化等領域。

　　《孫子兵法》全書共計五千多字，分為十三篇。
　　本書主要介紹七篇：軍爭、九變、行軍、地形、九地、火攻、用間。

講述了戰爭論、治軍論、制勝論等多面向的法則。

孫武強調戰爭勝負不取決於鬼神之說，而是與政治清明、經濟發展、外交攻防、軍事實力、自然條件等因素息息相關。要懂得充分利用這些優勢，才能取得勝利。

　　憑藉卓越的軍事思想及輝煌的軍事成就，再加上《孫子兵法》這部劃時代的巨作，孫武得以青史留名，被後世譽為「兵聖」。

孫子兵法

# 軍爭篇

戰略

掌握戰場主動權，
掌握勝利！

戰略資源

孫子兵法

# 軍爭篇

 **原文**

　　孫子曰：凡用兵之法，將受命於君，合軍聚眾，交和而舍，莫難於軍爭。軍爭之難者，以迂為直，以患為利。故迂其途，而誘之以利，後人發，先人至，此知迂直之計者也。

**白話**

　　孫子說：大凡用兵的道理，將領從接受君主命令，徵兵編成軍隊，一直到奔赴戰場作戰，其中最難的就是奪取作戰的主動權。奪取作戰主動權之所以難，在於要用迂迴進軍的方式，實現更快到達戰場的目的，並把看似不利的條件變為有利的條件。

　　所以要選擇迂迴的進攻路線，並以小利引誘敵人，雖比敵人晚出發，卻能比敵人先到達戰場，這就是懂得以迂為直的奧祕。

故軍爭為利，軍爭為危。舉軍而爭利，則不及；委軍而爭利，則輜重捐。是故卷甲而趨，日夜不處，倍道兼行，百里而爭利，則擒三將軍，勁者先，疲者後，其法十一而至；五十里而爭利，則蹶上將軍，其法半至；三十里而爭利，則三分之二至。是故軍無輜重則亡，無糧食則亡，無委積則亡。

## 白話

軍爭既有有利的一面，也有危險的一面。如果帶著所有輜重去爭奪先機之利，就不能先於敵人到達戰場；如果捨棄輜重去爭奪先機之利，就會損失輜重，削弱戰力。

因此，捲起盔甲，日夜兼程地急速行進，奔跑百里去爭利，就會使三軍將領被俘獲，健壯的士兵在先，體弱的士兵掉隊，結果只有十分之一的人馬趕到目的地。

急速行軍五十里去爭利，就會使先頭部隊的主將受挫，結果只有一半的人馬能趕到目的地。急速行軍三十里去爭利，結果便只有三分之二的人馬能到達目的地。

所以部隊沒有輜重就無法生存，沒有糧食就無法生存，沒有軍需後勤就無法生存。

故不知諸侯之謀者，不能豫交；不知山林、險阻、沮澤之形者，不能行軍；不用鄉導者，不能得地利。故兵以詐立，以利動，以分合為變者也。故其疾如風，其徐如林，侵掠如火，不動如山，難知如陰，動如雷震。掠鄉分眾，廓地分利，懸權而動。先知迂直之計者勝，此軍爭之法也。

白話

因此，不了解各諸侯國的戰略謀畫，就不要與之結盟；不了解山林、險阻和沼澤的地形，就不要行軍；不使用嚮導帶路，就無法得到地利。所以，用兵是靠使用詭詐手段出奇兵而獲勝的，要根據能獲得多少有利的條件，採取相對應的行動，以分散或集中兵力來變換戰法。

所以，部隊急行時像迅猛的狂風；緩行時猶如嚴整不亂的森林；進攻時如燎原的烈火；堅守時如難撼的山岳；隱蔽時如濃雲遮蔽日月；大軍出動時如萬鈞雷霆；從敵方鄉邑奪取財物、人力，應分兵行動；開疆拓土，應分兵扼守要害，依實情權衡利害得失，然後伺機行動。誰先掌握以迂為直的奧祕，誰就能獲勝，這就是軍爭的方法。

〈軍政〉曰：「言不相聞，故為金鼓；視不相見，故為旌旗。」夫金鼓旌旗者，所以一人之耳目也。人既專一，則勇者不得獨進，怯者不得獨退，此用眾之法也。故夜戰多火鼓，畫戰多旌旗，所以變人之耳目也。

白話

〈軍政〉說：「戰場上，若用言語發號施令，士兵容易聽不見，因此使用金鼓傳令；若以肢體動作傳達指令，士兵不容易看見，因此使用旌旗指揮。」金鼓和旌旗都是用來統一全軍行動的。如果士兵都服從統一指揮，那麼，勇敢的士兵便不會單獨前進，膽怯的士兵也不會獨自退卻，這就是指揮大軍作戰的方法。

所以，夜間作戰會多處點火、頻頻擊鼓，白天作戰多使用旌旗，這些做法都是為了順應不同狀況之下，士兵能明白指令。

三軍可奪氣，將軍可奪心。是故朝氣銳，晝氣惰，暮氣歸。故善用兵者，避其銳氣，擊其惰歸，此治氣者也。以治待亂，以靜待譁，此治心者也。以近待遠，以佚待勞，以飽待饑，此治力者也。無邀正正之旗，無擊堂堂之陳，此治變者也。

可以挫傷敵人三軍的士氣，也可以讓敵將失去鬥志和決心。在戰鬥過程中，士氣一開始總是銳不可擋的，繼而則會低落，到最後就衰竭了。所以善於用兵的人，總是避開敵人士氣正盛的時候，等到敵人士氣低落衰竭時再發動進攻，這是掌握了敵我雙方士氣變化的規律。

用自己的嚴陣以待來應對敵人的混亂，用自己的鎮靜來應對敵人的騷動，這是掌握了敵我雙方的心理狀態。以自己接近戰場之利來應對敵人的遠途奔波，以自己的安逸休整來應對敵人的疲於奔命，以自己的糧食充足來應對敵人的饑餓不堪，這就是掌握敵我雙方的體力條件。

不要截擊旗幟整齊的敵軍，不要攻打陣容整肅的部隊，這就是在戰爭中採取隨機應變的靈活戰術。

故用兵之法，高陵勿向，背丘勿逆，佯北勿從，銳卒勿攻，餌兵勿食，歸師勿遏，圍師必闕，窮寇勿迫，此用兵之法也。

白話

所以，用兵的方法是：當敵人據守高山，就不要仰攻；當敵人背靠高地，就不要迎擊；當敵人假裝敗退，就不要追擊；當敵人士氣正盛，就不要強攻；當敵人引誘我方出擊，就不要上當；當敵人撤退回師，就不要阻擊；包圍敵人必須留出缺口，以免其負嵎頑抗；對陷入絕境的敵人不要過分逼迫。這些就是指揮作戰的原理。

劉備與孫權結盟後，在赤壁之戰大勝曹操，奪取荊州許多地盤。然而，劉備占領的地盤中除了長沙郡，其他地區的資源不多，戰略價值也比較低。

劉備以地盤有限，難以發展為由，向孫權提出了借南郡的請求。南郡的位置非常重要，當時如果想進攻益州，只有兩條路線可選：一條是攻占漢中之後南下，另一條就是從南郡沿江而上進入蜀地。

周瑜死後，孫權聽從魯肅的建議，把南郡借給了劉備，這樣既能鞏固孫劉聯盟，又能減輕東吳與曹操對峙的壓力。

後來，劉備成功奪取益州。孫權覺得既然劉備有了新的立足之地，就應該歸還所借的荊州地盤，可劉備卻說「須得涼州，當以荊州相與」。

孫權大怒，認為劉備故意拖延，根本沒有還荊州的誠意，於是派呂蒙率軍襲取長沙、零陵、桂陽三郡。劉備得知消息，親自領兵五萬到公安，又派關羽去了益陽，準備把城池搶回來，雙方眼看就要大打一場。

　　然而，就在孫劉兩家劍拔弩張之際，曹操突然一個大動作：發兵攻打漢中的張魯，張魯沒多久便投降，漢中落入曹操手中。

消息傳來，可說「蜀中一日數十驚」，因為漢中與蜀中相連，是出入益州的必經之地。也就是說，占領漢中的曹操已經可以攻打劉備的益州了！

為了守住益州，劉備不得不與孫權談和，雙方說好共同分割荊州，西邊的南郡、零陵、武陵歸劉備，東邊的長沙、江夏、桂陽歸孫權。

然而，曹操當時並不想直接攻打益州。司馬懿等人勸他趁著剛拿下漢中，士氣正旺，應該一鼓作氣攻取蜀地時，他引用一句名言：「人苦不知足，既平隴，復望蜀。」

曹操拒絕趁勢攻打益州，其實也是出於無奈：不只自己的根據地出現叛亂，還要和孫權對峙，沒有多餘的精力出兵益州。

不過曹操深知漢中的重要性，所以留下了猛將夏侯淵，率領張郃、徐晃、郭淮等一眾大將鎮守漢中。

沒多久，張郃率軍進逼巴東、巴西二郡，將當地百姓遷徙到漢中。劉備派張飛抗擊張郃，雙方對峙了五十多天。

後來張飛率領精兵一萬餘人，抄小道進攻張郃。張郃的部隊在狹窄山道被前後截殺，連馬匹都來不及顧，帶著十餘個部下狼狽逃脫。

此後一段時間，劉備和曹操都沒有主動進攻：劉備忙著累積實力，擴軍備戰，以求未來一舉拿下漢中；而曹操則忙著進位魏王，以及抵禦孫權勢力。

等到劉備萬事俱備，他的謀士法正向他進言攻打漢中。

主公，夏侯淵和張郃都不是當一國之帥的料。

法正

您如果率軍攻打漢中，一定可以拿下它。

而且攻打漢中有三大好處！

哦？你說說看。

首先，可以討伐漢賊，尊崇漢室！

其次，可以趁機取得雍、涼二州，開疆拓土。

雍州

涼州

最後，可以保衛蜀中，不失為長久之計。

劉備認為法正說得很有道理，於是留下諸葛亮守益州、關羽守荊州，剩下的高級將領、謀士幾乎全部出動攻打漢中，如：法正、黃權、張飛、馬超、黃忠、趙雲、魏延⋯⋯堪稱劉備集團的全明星陣容了。

大軍出征後，劉備先派張飛、馬超、吳蘭、雷銅等人作為先鋒部隊，攻克下辯地區，切斷曹軍輸往漢中的補給路線。

曹操收到這個壞消息，趕忙派曹洪帶著曹休、曹真率軍前去救援。

趕到戰場後，曹洪想奪回下辯，但此時下辯有吳蘭鎮守，張飛和馬超已經屯兵固山，還放狠話要斷了曹軍的後路，讓曹軍有去無回。

曹洪不敢輕舉妄動，一時之間不知該如何是好。但很快，曹休發現了對方的破綻。

將軍，如果張飛、馬超真想斷我們的後路，偷偷摸摸埋伏不是更好？怎麼還大張旗鼓地告訴我們呢？

由此可見，他們只是在虛張聲勢。

不如趁敵人尚未聚集，趕快擊潰下辯的吳蘭。

嗯，你說得有道理！

曹洪聽取曹休的意見，無視張飛和馬超的威脅，只管全力進攻下辯，果然擊潰了吳蘭的部隊，還斬殺了雷銅、任夔兩名劉備軍的將領。

吳蘭雖僥倖逃走，卻落到當地的氐族部落手裡，最後也被殺了。

雖然先鋒部隊遭遇挫折，但漢中之戰的關鍵，還得看劉備主力軍和夏侯淵主力軍的交鋒。劉備率大軍出征後，採用黃權的計謀，很快就攻破了巴東、巴西兩郡，兵鋒直指漢中第一雄關──陽平關。

陽平關地勢險峻，位於白馬河和漢水的交會之處，西南兩面河流環繞，因此易守難攻，是漢中第一險關，夏侯淵的主力大軍就守在這裡。

除了親自鎮守陽平關，夏侯淵還派張郃、徐晃等人帶軍在外，分別守衛廣石、馬鳴閣這兩個戰略要地，牽制劉備大軍。

如果劉備全力進攻陽平關，張郃、徐晃就能趁機切斷劉備的糧道。

劉備知道陽平關難以強攻，所以先派陳式去攻打馬鳴閣，企圖切斷漢中地區與曹操本營的聯繫。但，陳式並非徐晃的對手，很快被擊敗，部隊死傷慘重。

什麼阿貓阿狗也敢來挑釁？

滾回去！

陳式

馬鳴閣沒打下來，劉備把目標換成了廣石，他趁夜色派遣萬餘精兵對張郃一頓猛攻。張郃身先士卒，頑強抵抗，擊退劉備大軍的攻勢。

想打廣石的主意？
你們當我吃素的啊！

前面幾戰全都不順利，劉備十分著急，他寫信給諸葛亮，表明自己無論如何也要取得陽平關，讓諸葛亮想辦法增派援兵、運送糧草。

楊洪

軍師，快想辦法救救我！

諸葛亮收到書信後，詢問楊洪的意見。楊洪表示無須猶豫。

漢中是益州的咽喉，是我們生死存亡的關鍵，無漢中則無蜀，這是家門口的禍患。

現在情況危急，已經到了男人要上戰場、女人要運糧草的程度，出兵沒什麼可猶豫的！

諸葛亮對楊洪的回答十分滿意，他窮益州之力徵集了大量援軍和糧草，火速運往前線。當時的蜀郡太守法正已經隨大軍出征，諸葛亮便上表讓楊洪兼任蜀郡太守，督辦發援兵和運糧草之事。楊洪處理得井井有條。

嗯，我果然沒有看錯人。

壓力稍微緩解後，劉備冷靜下來重新審視局面，想到了一個新的進攻方法。劉備決定不在陽平關消耗，而是南渡漢水，來到陽平關以南的定軍山上駐紮。

這樣一來，劉備占領了制高點，可以俯視陽平關，可以說掌握了戰場的主動權。

面對突然出現的劉備大軍，夏侯淵感到了巨大的威脅，於是率主力離開陽平關，跑到定軍山山腳下駐紮，和劉備對峙。

哼，我倒要看看你能搞什麼鬼！

為了防止劉備軍隊衝下來攻打自己，夏侯淵在營寨的東側和南側修了一種叫「鹿角」*的防禦設施。南側鹿角正對定軍山，是重點防禦位置，由夏侯淵親自坐鎮；東側鹿角的兵力則少一些，由張郃守衛。

再去運一批鹿角過來！

給我擺滿！

● 編按：舊時作戰的防禦設施。把帶有枝椏的樹枝削尖，尖梢朝上，埋在營寨門前或交通路口，以阻擋敵人前進。因形似鹿角而得名。

劉備採用法正的聲東擊西之計，在夜間放火燒了夏侯淵布置的鹿角，對守衛東側鹿角的張郃一頓猛攻。張郃難以抵擋，急忙向夏侯淵求援。夏侯淵只好派了一半的主力去救張郃。

對於南側鹿角，法正讓劉備數次鳴鼓但不要進攻，以此迷惑夏侯淵。夏侯淵果然錯判了劉備的主攻方向，以為劉備主要想攻打東側鹿角的張郃，便放鬆了警惕。

此時，夏侯淵犯了一個足以「永載史冊」的可怕錯誤：只帶四百名輕兵去修補南側鹿角。

法正看到夏侯淵出來，立刻告訴劉備「可以攻擊了」。劉備派黃忠率軍衝殺，一時間金鼓震天，喊殺聲遍布山谷，夏侯淵被砍死在亂軍之中——這就是著名的「定軍斬夏侯」。

《三國演義》對黃忠斬殺夏侯淵的描述多為美化。

夏侯淵的死看似荒唐，但其實也有跡可循。夏侯淵行軍打仗，最喜歡的戰術就是千里奔襲，神速破敵，他之前以身犯險總是成功，覺得這招屢試不爽，但這次他遇到了更強的對手，就變成了刀下亡魂。

夏侯淵被殺後，曹軍一時大亂，士兵都無心戀戰，因為夏侯淵是曹操西路軍的最高指揮官，他死了戰爭還怎麼打？

為了穩定軍心，曹軍將領郭淮等人緊急推舉張郃為代理都督，全軍退到了漢水北側。

第二天，劉備率軍向漢水進逼，卻發現曹軍沒有緊貼岸邊紮營，防止自己渡河，反而留了一大片空地。

其實這是郭淮的計策：漢水水流平緩，劉備如果想強渡，攔也攔不住，不如留出一片空地故弄玄虛，讓劉備不敢冒進。

劉備果然心生疑慮，沒有渡河繼續追擊，曹軍得以退回陽平關堅守。劉備手下的將領高翔在陽平關被曹真、徐晃擊敗，曹軍暫時穩住了戰場局勢。

　　不過，劉備已經占據很多優勢，曹操覺得自己得要親自出馬才行。於是，曹操率領十萬援軍抵達陽平關。見曹操到來，劉備也退回定軍山，兩個宿命的敵手終於又在戰場相見了。

接下來，雙方開始了曠日持久的拉鋸戰：劉備憑高據守，曹操則派軍猛攻。由於仰攻艱難，曹軍死傷慘重。

被持續攻擊的蜀軍，情況也說不上樂觀。有一次，局勢不利，但劉備心急進攻，就算冒著箭雨也要繼續作戰，被法正用身體攔住了。

劉備大驚，急忙叫法正躲避弓箭，但是法正說什麼都不躲，劉備這才冷靜下來，拉著法正一起撤出戰場。

在持久的消耗戰後，漢中已經屍橫遍野，此時劉備找到了一個破局的方法——截斷曹操的糧道。他讓趙雲和黃忠不斷打劫曹軍的糧草，就算劫不到也能騷擾曹軍。

有一次，黃忠看到曹軍在北山下運糧，覺得是個好機會，於是他帶上了趙雲的部隊去劫糧，結果卻被曹軍包圍了。

趙雲見黃忠還沒回來，便親率輕兵接應，結果正好撞上曹操大軍。曹軍緊追不捨，一路追到了趙雲的軍營。

此時趙雲玩了個「空城計」：大開營門，收起旌旗，停息鼓聲。曹軍怕趙雲設了埋伏，不敢進攻，便選擇了撤退。

趙雲見曹軍撤退，又發起突襲。曹軍看到趙雲敢衝出來，覺得「必有伏兵」，於是慌忙逃竄，人馬自相踩踏，損失慘重。

接下來，劉備又派自己的養子劉封去陽平關前叫戰。曹操大罵劉備讓兒子出戰，說自己也要叫兒子曹彰來，看誰的兒子更厲害。然而，當曹彰日夜兼程趕到時，曹操卻已經從漢中退兵了。

這段時間，曹軍死傷慘重，士氣低落，逃亡者很多，曹操不想在漢中耗費精力，在他眼裡那已經是「食之無味，棄之可惜」的「雞肋」，他不得不放棄了。

其實剛得到漢中時，曹操就把漢中的人口大量遷往了北方大本營，因此，對曹操來說已經沒有太大的經濟價值，反正曹操多得是地盤，並不差這一個。

鄉親們放心，到了北方就會有人安頓你們！

夏侯淵死後，曹操知道漢中戰場大勢已去，他親自來漢中是抱著能打贏最好，打不贏至少也要把漢中軍團接出來的心態，並沒有想在這裡和劉備決一死戰。

無所謂！反正這裡已經沒有戰略價值了！

但對劉備來說，漢中卻是事關生死的關鍵之地，整個劉備集團上下同心，傾盡全力也要拿下漢中。從戰鬥的決心來看，劉備能贏其實也是必然。

曹操撤退後，劉備占領了漢中全境，他的地盤也連成了一片。沒多久，劉備進位漢中王，來到了自己的人生巔峰。

《孫子兵法》的前幾篇，內容大都是軍事行動發起前的準備和理論：如何運用謀略、如何調度資源、如何立於不敗之地、如何借勢順勢、如何找到最佳的出擊機會⋯⋯而當雙方都採取軍事行動時，就來到了實際的戰略層面。

戰略需要解決兩大問題：一個是主攻方向，這是上一篇〈虛實篇〉重點講的。

另一個是主動權，這就是本篇〈軍爭篇〉的核心。

「軍爭」要爭的，其實就是戰場上的主動權，包括有利的地形、有利的時機、有價值的戰略資源等。

嘿嘿！你打不到我！

在〈軍爭篇〉中，孫子主要強調了「迂直之計」：要學會以迂為直搶占先機，即使比敵人晚出發，也要先一步到達預定戰場，這樣就能以逸待勞，出其不意，攻其不備。

比敵人晚出發卻要先到，聽上去很難，所以孫子也警示——「軍爭為利，軍爭為危」：軍爭有好處，但也有危險。軍爭是必要的，但不能亂爭，要講究章法。

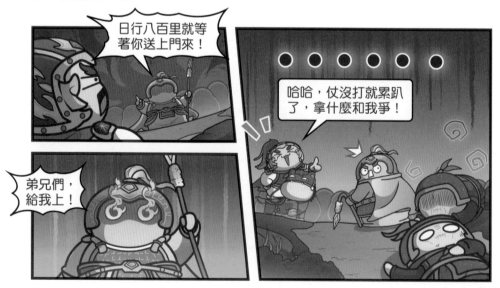

「以詐立，以利動，以分合為變」和「避其銳氣，擊其惰歸」，就是孫子提出的軍爭原則。要想辦法使用計謀出奇制勝，要根據能獲利多少來採取相應的行動，分散或集中兵力變換戰法。

敵人士氣旺盛時，避免與他們正面交戰，等敵人士氣低落時再出擊。

漢中之戰的關鍵轉捩點，毫無疑問是「定軍斬夏侯」。劉備不在陽平關和夏侯淵硬碰硬，而是轉移到定軍山憑高視下，這就是掌握了戰場的主動權。

之後法正用聲東擊西的戰術，成功騙得夏侯淵分兵，最終將他一舉斬殺——這就是「兵以詐立，以利動，以分合為變者也」。

失去主帥夏侯淵後，曹軍士氣低落，劉備掌握戰爭的主動權，四處尋找機會追擊曹軍。

等曹操到來後，曹軍士氣有提升趨勢，劉備又開始據守，透過持久的消耗戰，不斷增加曹軍的傷亡，消磨曹軍的銳氣。

最終，曹軍士氣每況愈下，難以逆轉局勢，曹操不得不撤軍，劉備贏下了這場大戰——這就是「避其銳氣，擊其惰歸」。

放眼其他領域，這些原則也非常好用：面對比自己強大或者勢均力敵的對手，應該想辦法搶占先機，占據有利的條件，讓自己握有主動權。

在對方的優勢階段，我們要避其鋒芒；在我方的優勢階段，則應該果斷出擊，一招制勝。

在〈軍爭篇〉中，孫子還提出了一段著名比喻：「其疾如風，其徐如林，侵掠如火，不動如山，難知如陰，動如雷震。」

什麼時候該動，什麼時候該靜，動的時候該怎麼做，靜的時候又該怎麼做……孫子都一一點明。

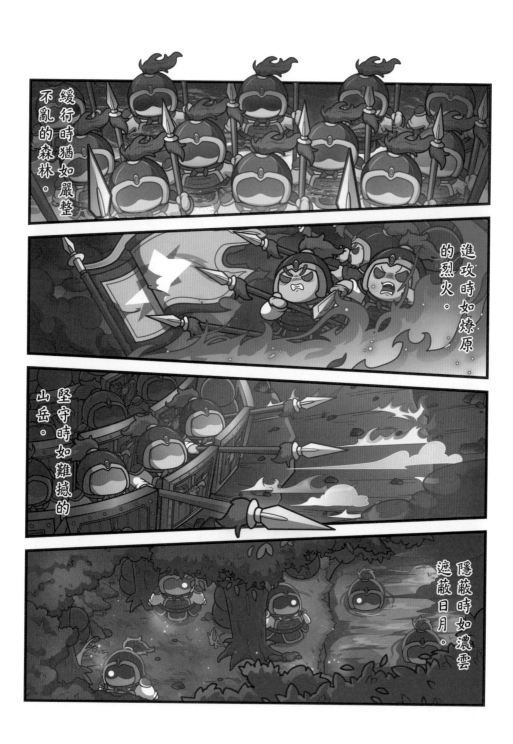

緩行時猶如嚴整不亂的森林。

進攻時如燎原的烈火。

堅守時如難撼的山岳。

隱蔽時如濃雲遮蔽日月。

大軍出動時，如雷霆萬鈞。

這段比喻簡明扼要，因此傳播極廣。在傳到日本後，還被日本戰國時代的大名武田信玄簡化為「風林火山」四字訣，寫在了自己的軍旗上，被日本人熟知！

孫子兵法好耶！

風林火山

孫子兵法
九變篇

道理是死的，
人是活的

# 孫子兵法 九變篇

 **原文**

孫子曰：凡用兵之法，將受命於君，合軍聚眾。圮ㄆ地無舍，衢ㄑ地合交，絕地無留，圍地則謀，死地則戰。塗有所不由，軍有所不擊，城有所不攻，地有所不爭，君命有所不受。

**白話**

孫子說：大凡用兵的規律，將領接受國君命令，徵集兵員編成軍隊。軍隊出征時，在險阻難行的地方不要設營；在多國交界的四通八達之地要結交諸侯；在資源匱乏的地方不要停留；在容易被敵人包圍的地方要巧用謀略；在沒有退路的死地，要奮勇決戰尋求生機。有的道路不宜通過，有的敵軍不宜攻擊，有的城池不宜攻占，有的地方不宜爭奪，國君的命令有的可以不執行。

故將通於九變之利者，知用兵矣；將不通於九變之利者，雖知地形，不能得地之利矣；治兵不知九變之術，雖知五利，不能得人之用矣。

## 白話

因此，通曉上述九變運用及利弊的將帥，就算是懂得用兵了；將帥不能通曉多變的好處，即使了解地形，也不能真正得到地利；指揮軍隊無法根據不同的條件變換戰術，雖然知道五種地形的利弊，卻不能充分發揮士兵的戰鬥力。

是故智者之慮，必雜於利害，雜於利而務可信也，雜於害而患可解也。是故屈諸侯者以害，役諸侯者以業，趨諸侯者以利。故用兵之法，無恃其不來，恃吾有以待也；無恃其不攻，恃吾有所不可攻也。

所以高明的將帥考慮問題，一定會權衡利、害兩個方面。在不利情況下考慮到有利的一面，作戰任務才能完成；在有利情況下考慮到有害的一面，禍患才能排除。

因此，要使諸侯屈服，就要對其威逼；要使諸侯出力，就要製造事端使其窮於應付；要使諸侯前來投靠，就要以利益為誘餌。所以用兵的法則是，不要僥倖指望敵人不來攻打，而要依靠我方的嚴陣以待；不要僥倖指望敵人不來進攻，而要依靠我方擁有敵人無法攻破的強大實力。

故將有五危：必死，可殺也；必生，可虜也；忿速，可侮也；廉潔，可辱也；愛民，可煩也。凡此五者，將之過也，用兵之災也。覆軍殺將，必以五危，不可不察也。

### 白話

所以將帥有五種致命弱點：①只會死拚的將領，可以施計誅殺他；②貪生怕死的將領，可以施計俘虜他人；③急躁易怒的將領，可以通過侮辱他而使其妄動；④廉潔惜名的將領，可以通過辱罵他而使其失去理智；⑤愛護民眾的將領，可以透過不斷侵擾而使其疲於救援，陷入被動。

以上這五點，是將帥容易犯的錯誤，也是用兵的災難。軍隊覆滅、將帥被殺，都是這五種致命弱點導致的，不能不意識到嚴重性。

秦朝末年，陳勝、吳廣在大澤鄉發動反秦起義，各地民眾紛紛揭竿響應。

陳勝死後，楚國王室後裔熊心被擁立為楚懷王，成了新的反秦精神領袖，他與諸將約定「先破秦入咸陽者王之」。

眾多勢力中，劉邦率先攻入關中及秦都咸陽，秦朝滅亡，按照約定，他應該被封為王。

然而，實力最強的項羽卻不願履約，他尊楚懷王為「義帝」，卻架空其權力，並自己分封諸侯。項羽自封為西楚霸王，建都彭城；劉邦則僅被封為漢王，領巴蜀、漢中之地。

此外，項羽還把關中一分為三，封給了秦朝的三名降將章邯、司馬欣、董翳，號稱「三秦」，以此防止劉邦東進。

劉邦雖然十分憤恨，但由於實力有限，還不能和項羽撕破臉，只好忍氣吞聲前往蜀地。

沒多久，一個項羽的舊手下，即後來大名鼎鼎的「兵仙」韓信跑來蜀地投奔劉邦。韓信此前多次獻計給項羽，但都沒被採用，因此才想另尋明主。

可讓韓信失望的是，劉邦也沒能發現他的才華，只讓他擔任了一個管理倉庫的小官。

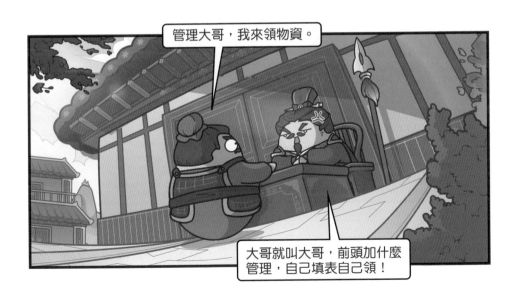

後來韓信犯了法，理應被處斬，同案的十三人都已被殺，輪到韓信時，他抬頭看到了滕公夏侯嬰，說道：「漢王不打算得天下嗎？為什麼殺掉壯士？」

夏侯嬰見韓信語出驚人，便命人放了他。幾番交談後，夏侯嬰被韓信的才學深深折服，隨即向劉邦舉薦韓信。

不過劉邦還是只讓韓信當個管糧餉的官，沒有給他兵權。

後來在偶然間，韓信結識了劉邦的丞相蕭何。蕭何對韓信的才學頗為佩服，多次向劉邦舉薦韓信。但劉邦依舊沒重用他。

韓信覺得自己不會被重用了，於是在一個夜晚負氣出走。蕭何聽說韓信跑了，來不及稟告劉邦便一路策馬狂奔，終於成功追回了韓信。

劉邦此時還蒙在鼓裡，當有人向他報告「丞相蕭何逃跑了」，他既震怒又失望，就像失去了左右手一樣。

沒多久，蕭何回來了，劉邦又喜又氣，質問他為什麼逃跑。蕭何說自己沒逃跑，而是去追逃跑的韓信。劉邦對此十分不解。

逃跑的將軍那麼多，從沒見你追過，現在韓信跑了你卻去追，一定是騙我！

大王，恕我直言，假如您只想苟安當個漢王，當然用不上他；但如果您想爭奪天下，非用韓信不可。

諸將易得，韓信卻是國士無雙，普天之下找不到第二個。

劉邦見蕭何如此堅定，本想讓韓信當個將軍就好。但蕭何又說只讓韓信當將軍，他還是不會留下。劉邦只好同意讓韓信當大將。

那就把他叫來，讓他當個大將吧！

結果蕭何又直言這樣還不夠，要更正式一點。

大王一向高傲，任命大將就像呼喚小孩一樣——這就是韓信離去的原因。

大王如果誠心拜他做大將，就應該挑選個好日子，齋戒設壇，正式舉行拜將的典禮。

對於拜將典禮一事劉邦應允了，而漢軍的其他將領聽說劉邦要拜大將，都十分激動，覺得大將之位非自己莫屬。結果到了舉行儀式時，得知大將是韓信，全軍上下都驚呆了。

韓信拜將後，向劉邦詳細地分析了當前的局勢。

論兵力，漢軍比不過楚軍。

但論人心所向，您卻不輸項羽，入咸陽時，與秦人「約法三章」，成功收服百姓。

反觀項羽，他不僅違背和義帝的約定，私自分封諸侯，還焚毀秦宮，坑殺秦降卒二十餘萬人，唯獨章邯、司馬欣、董翳活了下來，還被封了王。

秦國百姓對這三人可謂恨之入骨，大家都想擁戴您在關中為王。所以，我們得先攻打他們三個。

劉邦聽取韓信的計策，來到關中襲擊章邯。章邯在陳倉迎擊漢軍，但被打敗，之後章邯邊退邊打，屢戰屢敗，一直逃到了廢丘。

接著，漢軍在廢丘圍困章邯，久攻不下後以水灌城，廢丘終被攻破，章邯拔劍自刎身亡。沒多久，「三秦」中的另外兩人——司馬欣和董翳向劉邦投降了。

平定三秦後，漢軍踏步出關，魏王魏豹、河南王申陽、韓王鄭昌、殷王司馬卬等諸侯聞風紛紛歸降。

不久，劉邦聯合齊王田榮、趙王趙歇共同攻楚。劉邦統領各路諸侯人馬共計五十六萬，浩浩蕩蕩殺向了項羽的大本營彭城。

此時項羽正在率軍攻齊，聽聞根據地有失，他制定了一個無比大膽的計畫：留下諸將繼續攻齊，自己僅率精騎三萬疾馳救楚。

另一邊，聯軍攻破彭城後，奪得財寶、美人，每天飲酒作樂，不思進取。項羽驍勇精銳的騎兵突然殺來，聯軍根本無法有效的反抗，很快大敗，在彭城近郊被項羽斬殺了十餘萬人。

接著，項羽乘勝追擊，連戰連捷，聯軍則兵敗如山倒，被十幾萬十幾萬地屠殺，睢ㄙㄨㄟ水一度被屍體填滿而斷流。

最終，劉邦僅帶領極少數殘兵逃出生天，連他的父親和妻子都被楚軍俘虜了。危急之時，韓信集合潰散的兵馬與劉邦會合，漢軍殘部退到了滎ㄒㄧㄥ陽重整旗鼓，擊退幾次楚軍的進攻，才總算暫時穩住陣腳。

彭城之戰是劉邦起兵以來遭遇的最大慘敗，此前依附於他的諸侯紛紛倒戈：司馬欣、董翳降楚，齊王和趙王也與項羽講和。

其中做得最決絕的當數魏王魏豹，他認為楚必勝，漢必敗，於是以探親為藉口，私下率領精兵回到封地，還封鎖了黃河渡口，讓漢軍無路可退。

劉邦收到魏豹反叛的消息，派人去勸他回心轉意，誰知魏豹卻心意已決。

事情鬧成這樣，除了打也沒別的辦法了，於是劉邦派韓信率軍伐魏，以解決這個心頭大患。

韓信率軍到了渡口臨晉關，用了一招聲東擊西之計：他讓部隊徵集大量船隻，大張旗鼓地偽造渡河假象。

魏豹果然上當了，立刻改變部署，從魏國都城安邑抽調軍隊到臨晉關，想堵住漢軍東渡黃河的路。

然而漢軍真正的主力此時趕到了臨晉關上游的夏陽，趁這裡的魏軍沒有防備，迅速渡過了黃河。

渡河後，漢軍襲擊了魏軍的側後，很快擊敗魏軍，直奔魏都安邑。魏豹大驚，急忙調主力回救，但為時已晚，漢軍成功攻下了安邑。

占領安邑後，漢軍在安邑西南截擊回撤的魏軍。魏軍來回奔波，又看到都城淪陷，一時身心俱疲，已經沒有還手之力，最終被漢軍全殲，魏豹也被俘虜了。

安邑之戰結束後，韓信把俘虜們送往滎陽，將占領的河東五十餘縣設為河東郡。至此，漢軍解除了後顧之憂，並以魏地為跳板進攻代、趙、燕、齊，形成逐步包圍楚國的態勢。

為達成自己的戰略目的，韓信請劉邦給自己增兵三萬，向北攻打燕國、趙國，向東攻打齊國，向南截斷楚國的糧道，再向西和劉邦在滎陽會合。劉邦同意韓信增兵三萬，他和張耳一起攻打代國和趙國。

代國比較特別，雖然不大，卻是趙國的盟友，只有滅了它才能為滅趙之路清掃障礙。

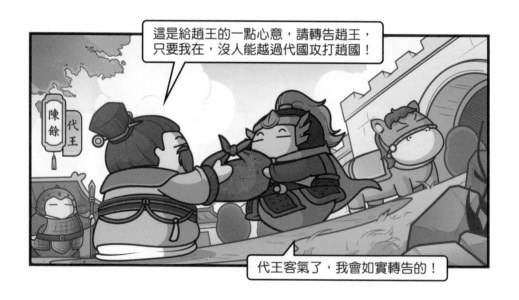

代王名叫陳餘，曾和張耳是至交，兩人很早就追隨陳勝反秦，後來一起立了趙歇為趙王。

秦將章邯攻趙時，張耳和趙歇身陷重圍，陳餘因自己兵少不敢發兵解圍，張耳怒罵他背信棄義。陳餘只好出兵五千去救，最後果然全軍覆沒，二人從此反目成仇。

後來項羽分封諸侯，陳餘覺得自己可以封王，最終卻只封了侯，心有不甘，便聯合齊王打跑了張耳，立趙歇為趙王。

哥哥的氣質還是適合做趙王呀！

還好你小子跑得快！不然有你好果子吃！

趙歇為了報答陳餘，將他立為代王。陳餘雖然當了代王，卻把代國扔給了丞相夏說打理，自己留在趙國擔任趙軍主帥。

大王，

您這是去哪兒？

夏說

國事就交給你了，我有更重要的事要做！

韓信、張耳確定攻代方針後，祕密急行軍，直奔代國鄔縣東側，隨後又突然向夏說率領的代國主力部隊發動襲擊，很快將其擊敗。

夏說率領殘軍向東逃去，希望向趙軍靠攏。韓信沒有給夏說機會，他沒有急於攻打鄔縣，而是全力追上並殲滅了代軍主力。

由於主力被殲，鄔縣成了一座孤城，韓信讓曹參包圍鄔縣，自己則和張耳繼續率軍攻打趙國。

如同韓信所料，代國將領果然不敢堅守，直接棄城而逃，漢軍不費吹灰之力就拿下了鄔縣，代國隨之滅亡。

韓信、張耳率軍東進，準備進攻趙國。趙歇和陳餘聞訊，立刻將大軍部署在井陘ㄒㄧㄥˊ口防守。

井陘口是太行ㄏㄤˊ山有名的八大隘口之一，易守難攻，趙軍只要居高臨下，守住隘口，就能占據絕對的地利。

謀士李左車向陳餘獻上了一計。

韓信渡過西河，擄魏王豹，擒夏說，血洗閼與！現在又有張耳輔佐，準備乘勝攻打我們趙國，他們的兵鋒不可阻擋，我們不能和他們正面交戰。

啊！怎麼辦？

李左車

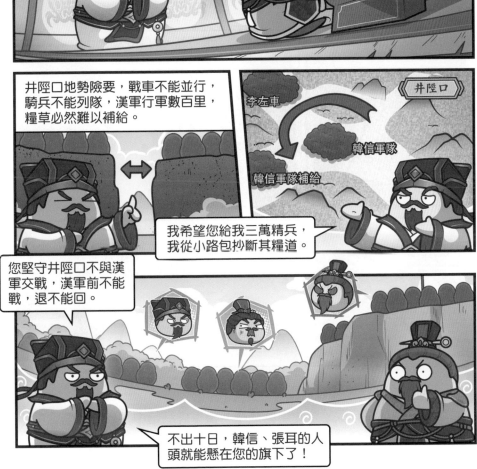

井陘口地勢險要，戰車不能並行，騎兵不能列隊，漢軍行軍數百里，糧草必然難以補給。

井陘口

李左車

韓信軍隊

韓信軍隊補給

我希望您給我三萬精兵，我從小路包抄斷其糧道。

您堅守井陘口不與漢軍交戰，漢軍前不能戰，退不能回。

不出十日，韓信、張耳的人頭就能懸在您的旗下了！

然而，陳餘是一個迂腐至極的人，他聲稱正義之師不屑於用陰謀詭計，還搬出《孫子兵法》「十則圍之，五則攻之，倍則分之，敵則能戰之」的觀點，要正面擊垮韓信的軍隊。

　　最終，陳餘沒有採納李左車的建議。漢軍奸細暗中打聽到這個情報報告給韓信，韓信十分高興，立刻開始戰略部署。

韓信讓部隊在離井陘口三十里的地方駐紮，並選了兩千輕騎兵，讓他們每人手持一面紅旗，在半夜走小路到山坡上隱蔽起來，觀察趙軍的行動。

趙軍見我軍出擊，一定會傾巢而出，你們就乘機迅速衝入趙軍營地，

拔掉趙軍的旗幟，插上我們漢軍的紅旗。

　　接著，韓信又吩咐副將傳令備好慶功宴。部將們都不相信趙國一天就能打下來，但他們也不敢質疑，只好假意稱是。

打敗趙軍，今天舉辦慶功宴。

好！

趙國哪有那麼好打？

一天就打下來……

可能嗎？

看到韓信的部署，部將們更是驚掉了下巴：韓信派一萬人為先鋒部隊，背靠河水擺開陣勢，這是只能前進而毫無退路的「死地」啊！

不僅漢軍將領看不懂，趙軍看到韓信背水擺陣更是笑到直不起腰，只覺得韓信是不學無術之輩，要白白葬送士兵的性命。

天一亮，韓信命人擊鼓鳴號，朝井陘口進軍。趙軍見漢軍「找死」，果斷放棄防守，轉為迎擊。

韓信、張耳假裝潰敗，退回到河邊的陣地中。趙軍一路追擊到河邊，但背靠河水，沒有退路的漢軍士兵個個拚死作戰，拿出了以一當十的氣勢。

趙軍一時無法擊潰漢軍，就想先退回大營休整。可當趙軍退到大營時，卻發現自家營壘上插滿了漢軍的紅旗，全軍上下頓時大驚失色。

事實上，韓信之前派出的兩千騎兵正是在趙軍傾巢而出時，乘機一口氣衝進了趙軍營壘，豎起了兩千面漢軍的紅旗。

趙軍不明所以，還以為漢軍已經端了自家老窩，俘虜了趙王，瞬間陣腳大亂，四散潰逃。

趁著趙軍大亂，漢軍兩面夾擊，大破趙軍，最終斬殺了陳餘，活捉了趙歇。

在〈九變篇〉中，孫子重點指出了戰爭沒有固定的模式，勝敗除了看雙方軍事實力的強弱，還要看將領的應變能力。

在本篇前面所舉的戰例中，我們可以同時看到「九變」的正面教材和反面教材，正面教材是項羽和韓信，反面教材就是陳餘。

先說項羽，一般來說，將領帶兵打仗不會以三萬兵力去打五十多萬人的，這可以說是以卵擊石。

但項羽生性驍勇，對自己手下的精銳騎兵也很有信心，所以他才能抓住聯軍休息享樂的機會，以精兵突襲擊垮聯軍的士氣，再逐個擊破，步步蠶食，創造了彭城之戰以少勝多的奇蹟。

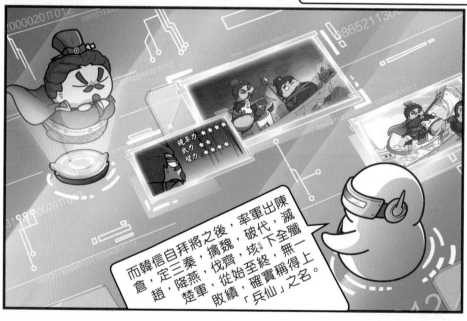

而韓信自拜將之後，率軍出陳倉，定三秦，擒魏，破代，滅趙，降燕，伐齊，垓（ㄍㄞ）下全殲楚軍，從始至終，無一敗績，確實稱得上「兵仙」之名。

韓信指揮應變能力的最典型戰例就是井陘口之戰，背水一戰大獲全勝後，諸將在慶功宴上詢問韓信。

後世有許多人學習韓信的戰法，只學到了「置之死地而後生」的表象，卻沒有學到其中的精髓。

比較典型的就是三國時期的馬謖守街亭：馬謖不按諸葛亮的指示當道下寨，而是放棄水源屯兵山上，副將王平苦勸無果，結果被魏軍截斷取水之道，遭到慘敗。

表面看上去，好像都是「置之死地」，但其實韓信和馬謖面對的對手、採用的用兵策略截然不同。

韓信面對的是才能平庸又迂腐的陳餘，在部署之前，韓信派奸細充分打探了敵方情報，確保計畫可以順利實施。

兄弟早些休息，我來照顧李大人！

老夫辛苦籌畫的大計毀於一旦！陳餘這個紙上談兵的莽夫！

李大人莫生氣，心裡的苦楚說出來會好受些。

而且漢軍的「死地」只是沒有退路，而不是無法作戰。

馬謖的失敗就在於他面對比自己高明的將領，還剛愎²自用， 不聽勸
阻。

他的所謂「死地」不僅沒有退路，士兵也根本沒法殊死一搏。沒有水源，口渴難耐，士兵從生理上就已經失去了作戰能力。

最後講一下陳餘，他不用李左車的良策，只記住了《孫子兵法》的一句「十則圍之，五則攻之，倍則分之，敵則能戰之」。

對於《孫子兵法》中的精華部分，比如運用地利，出奇制勝，他卻一竅不通，完全沒有學到《孫子兵法》的精髓。

所以無論做什麼事，都應該隨機應變，採取最適當的方法，如果做事不知變通、死板，就很容易掉入陷阱之中。

孫子兵法
行軍篇

用兵、帶兵很重要

# 行軍篇

孫子兵法

 **原文**

孫子曰：凡處軍相敵，絕山依谷，視生處高，戰隆無登，此處山之軍也。絕水必遠水，客絕水而來，勿迎之於水內，令半渡而擊之利。欲戰者，無附於水而迎客，視生處高，無迎水流，此處水上之軍也。絕斥澤，惟亟去無留；若交軍於斥澤之中，必依水草，而背眾樹，此處斥澤之軍也。平陸處易，右背高，前死後生，此處平陸之軍也。凡此四軍之利，黃帝之所以勝四帝也。

**白話**

孫子說：行軍作戰和觀察敵情都應該注意，在穿過山地時，要選有水草的谷地；駐紮時，要選擇居高向陽的地方；如果敵人占據高地，不要正面仰攻，這是在山地行軍作戰要掌握的原則。

橫渡江河後，要在遠離水流的地方駐紮；如果敵軍渡河進攻，不要在水上迎擊，而是要等敵人渡過一半時再出擊，這樣才比較有利；如果要與敵軍決戰，那就不要緊靠水邊列陣；在江河地帶駐紮，要選擇上游，切勿處於下游，這是在水邊行軍作戰要掌握的原則。

通過鹽鹼沼澤地帶，要迅速離開，不要停留；如果鹽鹼沼澤地帶與

敵軍交戰,那就要占領依傍水草而背靠樹林的地方,這是在鹽鹼沼澤地帶行軍作戰要掌握的原則。

　　在平原地帶駐軍,要選擇地勢平坦開闊的地方,軍隊的右面要依託高地,前為低地後為高地,這是在平原地帶行軍作戰要掌握的原則。

　　掌握以上四種部署軍隊的原則,並成功發揮優勢,是黃帝能夠戰勝其他四帝的重要原因。

　　凡軍好高而惡下，貴陽而賤陰，養生而處實，軍無百疾，是謂必勝。丘陵堤防，必處其陽，而右背之，此兵之利，地之助也。上雨水沫至，欲涉者，待其定也。

　　凡地有絕澗、天井、天牢、天羅、天陷、天隙，必亟去之，勿近也。吾遠之，敵近之；吾迎之，敵背之。軍旁有險阻、潢井、葭葦、山林、蘙薈者，必謹覆索之，此伏姦之所處也。

### 白話

　　大凡駐軍，應該選擇乾燥的高地，避開潮濕的低地，重視向陽的地方，迴避陰暗的地方，並在水草豐茂、便於放牧且地勢高的地方紮營，這樣將士百病不生，就有了勝利的保障。

　　在丘陵堤防地區駐軍，必須駐紮在向陽的一面，並且背靠著它部署主力側翼，這種情況下用兵有利，是因為利用了地形的輔助。河流上游降雨，洪水突發，若想渡河要等到水勢平穩以後再行動。

　　凡是從難以通過的陡壁溪澗、群山環繞的天井、三面絕壁的天牢、出入兩難的林木間、泥濘難行的低窪地區、行道狹窄的谷地這六種地形經過，必須迅速遠離，不要靠近。

　　對這六種地形，我軍遠離它，讓敵軍靠近它；我軍面向它，讓敵軍背靠它。行軍途中若遇到險阻，蘆葦叢生的積水之地或者草木茂密的山林地帶，必須小心地反覆搜索，因為這些都是容易隱藏伏兵的地方。

敵近而靜者，恃其險也；遠而挑戰者，欲人之進也。其所居易者，利也。眾樹動者，來也；眾草多障者，疑也。鳥起者，伏也；獸駭者，覆也。塵高而銳者，車來也；卑而廣者，徒來也。散而條達者，樵採也；少而往來者，營軍也。

辭卑而益備者，進也；辭彊而進驅者，退也。輕車先出居其側者，陳也；無約而請和者，謀也；奔走而陳兵車者，期也；半進半退者，誘也。

杖而立者，饑也；汲而先飲者，渴也；見利而不進者，勞也。鳥集者，虛也；夜呼者，恐也。軍擾者，將不重也；旌旗動者，亂也；吏怒者，倦也。殺馬肉食者，軍無糧也；懸瓿不返其舍者，窮寇也。

諄諄翕翕，徐與人言者，失眾也。數賞者，窘也；數罰者，困也。先暴而後畏其眾者，不精之至也；來委謝者，欲休息也。兵怒而相迎，久而不合，又不相去，必謹察之。

## 白話

敵軍逼近卻保持安靜，是因為他們倚仗占據的險要地形；敵軍離我軍很遠還發出挑戰，是企圖引誘我軍進攻。敵軍駐紮在平坦地帶，說明這樣做必定有利可圖。許多樹木搖動不停，說明敵軍隱蔽其中，正向我軍襲來；草叢中有許多遮蔽物，說明敵人故布疑陣。鳥兒驚飛，說明下面有伏兵；野獸受驚猛跑，說明周圍有敵人埋伏。塵土高揚而銳直，說明敵人的戰車正向我軍馳來；塵土低揚而廣散，說明敵人的步兵正在行進。塵土分散而細長，說明敵人正遣人砍柴；飛塵少而時起時落，說明敵人正在紮營。

敵方來使言辭謙卑，卻又在加強戰備，是要向我軍發動進攻了；敵方來使措辭強硬，軍隊擺出要發動進攻的陣勢，是準備撤退了；敵人戰車先出動，並部署在側翼，是布列陣勢，準備作戰了；敵方沒有預先約定而突然來求和，其中必有陰謀；敵方士兵奔走，兵車布好陣形，說明想要與我軍決戰；敵軍半進半退，是企圖引誘我軍出擊。

敵人倚靠著兵器站立，是饑餓無力的表現；敵方士兵打水並急於先飲，是口渴難耐的表現；敵人見利還不前進，是因疲勞過度；敵方營寨上有飛鳥雲集，說明營寨裡已空虛無人；敵人夜間驚呼，是內心恐懼的表現。

敵軍紛亂無序，是由於敵將沒有威嚴；敵營旌旗搖動不整齊，是陣形混亂的表現；敵人軍吏易怒，是因士兵過度困倦不聽指揮。敵人殺馬吃肉，是缺乏糧食的前兆；收拾炊具而部隊不返營休息的，是打算一拼死活的窮寇。

敵將低聲下氣地與士兵講話，說明他已經失去軍心；再三犒賞士兵，說明敵軍正面對窘境；一再重罰士兵，說明敵軍已無計可施。敵將先對士兵粗暴，而後又畏懼士兵，說明敵將非常不精明；敵人藉故派使者來賠禮道歉，是想休兵息戰。敵軍怒氣沖沖地與我軍對陣，但不交戰也不離去，這種情況必須謹慎觀察他們的真實企圖。

　　兵非貴益多也，惟無武進，足以併力、料敵、取人而已。夫惟無慮而易敵者，必擒於人。

　　卒未親附而罰之，則不服，不服則難用也。卒已親附而罰不行，則不可用也。故令之以文，齊之以武，是謂必取。令素行以教其民，則民服；令不素行以教其民，則民不服。令素行者，與眾相得也。

白話

　　打仗的兵力並非越多越好，只要不輕敵冒進，能集中兵力、判明敵情，取得部下的信任和支持就夠了。那種既無深謀遠慮又輕視敵人的人，一定會被敵人俘虜。

　　如果將帥在士兵尚未傾心依附時就施加刑罰，士兵一定會不服，這樣便難以派遣他們去打仗了；如果士兵對將帥已經傾心依附，軍紀軍法仍無法執行，這樣的軍隊也是不能派上戰場的。

　　所以，要用仁義之道教育士兵，用軍紀軍法來統一步調，這樣必能取得部下的敬畏和擁戴。平時貫徹執行法令，用來教育，就會使人信服；法令在平時若無法澈底執行，這樣士兵無法信服。法令平時能貫徹執行，說明將帥與士兵相互信任、相處融洽。

南北朝時期，鮮卑族拓跋氏建立的北魏政權統一中國北方，與南方的劉宋政權對立。

然而北魏的統一和穩定並沒有維持很久，經過一系列政變後，北魏分裂成了東魏和西魏，分別由權臣高歡和宇文泰掌控，雙方均宣稱對方是「偽朝」，自己才是「正統」。

耍嘴皮子是沒用的，上戰場才能分出高下。相較於西魏，東魏疆域廣，人口多，經濟好，兵力強，所以高歡決定主動出擊，一舉掃平西魏。

之後，東魏軍分三路，浩浩蕩蕩朝西魏殺去。高歡屯軍蒲坂，並在黃河上架起三座浮橋，準備渡河進攻；司徒高敖曹率軍攻上洛；大都督竇泰率軍攻潼關。

宇文泰當時駐守廣陽，得知高歡的部署後，一眼就看穿了對方的如意算盤。

這三路敵軍的將領，以竇泰最為驍勇，他所攻打的潼關也最為重要。

高歡兵分三路，自己又大舉修建浮橋，是想牽制我軍，讓我也分兵防守，顧此失彼，為竇泰攻下潼關增加勝率。

不如我將計就計，偷襲驕傲自大的竇泰，趁他大意將他打敗，這樣高歡一定會不戰而退！

　　然而群臣紛紛勸阻宇文泰，表示這個計畫過於冒險。

高歡軍在近處，竇泰軍在遠處，捨近求遠且長途奔襲，這樣變數太多，還是分兵抵禦，先攻打近處的高歡比較安全。

聽完，宇文泰一時難以決斷，便先率六千騎兵回到長安，詢問親信宇文深的意見。

行軍篇　107

宇文深的分析有理有據，符合宇文泰的心意，於是他對外做出要撤軍的假象給敵人看。

與此同時，宇文泰偷偷率軍從長安出發，抵達了潼關以東的小關，對竇泰軍發起了突襲。竇泰被偷襲後大驚，立刻命令部隊趕緊渡河。

由於宇文泰緊追上來發起進攻，竇泰軍隊立足未穩，陣腳大亂，很快潰不成軍。見局勢已經無法挽回，竇泰悲憤自殺，一萬多名東魏將士被西魏軍俘虜。

因為當時正處正月，黃河冰薄，人馬、輜重難以過河，高歡果然如宇文深所料，沒有去救竇泰，而是撤掉浮橋退兵了。

東魏軍撤退途中，西魏軍一路追擊，大將薛孤延拚死殿後，一日之內砍壞了十五把鋼刀，最終才讓高歡逃出生天。

薛孤延

想要過去？先過我這關！

小薛，我給你記大功！

另一邊，攻打上洛的高敖曹進展比較順利，僅十餘日便攻破上洛，正準備進兵藍田關時，使者帶來了竇泰兵敗，高歡讓他單騎返回的消息。

將軍！竇將軍已敗，丞相命您速速返回！

我怎麼可能丟下我的兵自己回去？

高敖曹不忍心丟下部隊獨自逃走，經過奮力拚殺，他居然帶著全部兵馬成功撤了回來。高歡大喜過望，對他和他的家族大加封賞。

至此，東西魏的第一戰——潼關之戰，以實力更強的東魏失敗而告終。高歡當然不肯善罷干休，很快，老天爺就給他一個報仇雪恨的機會。

西魏的饑荒益發嚴重，關中十之七八的人都餓死了，甚至還出現了人吃人的情況。

趁著西魏國力虛弱，高歡親率二十萬大軍至蒲津，命令高敖曹率兵三萬進軍河南，誓要攻滅西魏。

此時，宇文泰正帶著不足一萬人的軍隊在東魏的恒農搶糧，聽聞高歡率大軍前來，趕緊退回潼關準備迎敵。

高敖曹的三萬人馬輕鬆包圍了恒農，高歡的謀臣向他獻上一計。

宇文泰之所以冒險來搶糧，是因為西魏遭遇饑荒。

我們最好不要渡過黃河和他決戰，等到西魏軍民餓死大半，宇文泰就會不戰而降了。

啊啊！

我現在恨不得馬上手刃宇文泰，消耗戰什麼的我可沒工夫等了！

見高歡執意決戰，大將侯景又提出一個建議。

侯景

我們幾十萬大軍殺到這裡，如果進攻不順利，兵馬就會難以集結。

不如把大軍一分為二，前軍如果取勝，後軍就全力進攻；前軍如果敗了，後軍也可以接應。

然而高歡生性不喜歡冒險，上次潼關之戰分兵作戰失敗後，他就更加討厭分兵戰術了，於是他沒有聽侯景的建議，親率大軍渡過了黃河。

正處於大饑荒的西魏人心浮動，許多地方的守將看到東魏大軍殺來，沒多加抵抗就投降了。

於是，宇文泰讓士兵帶了僅能維持三天的口糧，渡過渭水來到了距離高歡大營六十里的沙苑駐紮。離敵人如此之近，宇文泰的手下都有些畏懼。

唯獨宇文深連連祝賀、道喜，宇文泰便問他什麼意思。

這話說到了宇文泰的心坎裡，他的決心和膽量更上一層樓。為了弄清敵人的虛實，宇文泰派手下達奚武帶著三個騎兵偽裝成東魏的督察官，進入高歡的大營刺探情報。

為了顯得真實，他們幾人昂首揚鞭，裝出一副飛揚跋扈的樣子，見到自由散漫、衣冠不整的東魏軍士，直接上前打罵。就這樣，幾人在高歡營中轉了一圈，查明了敵人的部署才返回。

接著，西魏軍開始了自己的作戰部署。大將李弼[2]向宇文泰獻上一計。

敵眾我寡，不能在平地對陣，可以在沙苑東邊十里的渭曲埋伏。
沙苑地如其名，以沙地為主，由於地處渭水和洛水的交會處，
所以水草豐茂，渭曲地帶更是蘆葦叢生，非常適合放置伏兵。

宇文泰認為此計可行，於是下令西魏軍以趙貴居左、李弼居右，背水
列陣，只派出少部分老弱部隊誘敵，精銳部隊則偃旗息鼓，埋伏在蘆葦叢
中，聽見鼓聲就一齊殺出。

東魏軍到來後，大將斛律羌舉向高歡提了一個建議。

然而有「分兵恐懼症」的高歡，又再次拒絕了一個好建議，他覺得自己想出的火攻之計才是高招。

火攻之計雖然易受風向影響，有殺敵一千自損八百的風險，不如分兵襲取長安穩妥，但也不失為一個好計策。

東魏軍隊在人數上有絕對優勢，西魏精銳又都藏在蘆葦叢中，如果高歡真的放火，也有可能大獲全勝。

然而，高歡手下的兩個大將──侯景和彭樂，都不約而同地站出來反對放火。

燒死宇文泰也太便宜他了，應該活捉他，然後當眾處死，讓我們東魏人心得到鼓舞，西魏人人懼怕。如果他被燒成焦炭辨認不出，就沒有這個效果了。

彭樂更想活捉宇文泰邀功，自信滿滿。

我們人多勢眾，一百個人打一個人，還怕打不贏嗎？

彭樂

對！

這兩個大將的發言，代表了當時東魏從諸將到士兵普遍的輕敵心態，瞬間一呼百應。於是，高歡放棄火攻，選擇正面強攻。

東魏軍進入西魏軍的伏擊區後，見西魏軍人少，都想著多立戰功，未等列陣便爭相冒進。

宇文泰抓住機會，立刻下令伏兵盡出。李弼的鐵騎突然殺出，橫向把高歡大軍截為兩段。東魏軍首尾不能救應，瞬間陷入了混亂。

在西魏精銳士兵的衝殺下，東魏軍很快崩潰，被斬殺六千人，另有約兩萬人投降。逃走的東魏殘軍被西魏軍持續追殺，一路潰敗。東魏軍再次慘敗。

沙苑之戰，東魏軍一共損失了約八萬人，丟棄鎧甲武器約十八萬件。高歡僅率少量親信連夜渡河，狼狽地逃到了黃河東岸。

遠在恒農的高敖曹聽聞主力戰敗的消息，趕緊撤圍，退保洛陽。

沙苑之戰結束不久，宇文泰派獨孤信等將領帶兵兩萬去攻洛陽。洛州刺史逃往了荊州，洛陽被西魏軍成功拿下。

其後，高歡又派侯景和高敖曹以重兵包圍洛陽。宇文泰忙率大軍馳援，打退了侯景的部隊。

侯景敗退後，北據河橋，南依邙ㄇㄤˊ山，擺出了長蛇陣與宇文泰交戰。

在一次混戰中，宇文泰的戰馬被弓箭射中，跌倒在地，眼看東魏士兵就要圍過來了。

情急之下，將軍李穆翻身下馬，用馬鞭抽打趴在地上的宇文泰，邊抽邊罵，就像在責罰犯錯的普通騎兵一樣。東魏士兵由此判斷地上的宇文泰不是什麼重要角色，於是紛紛去追殺其他西魏將領。

李穆趕忙將宇文泰扶上馬，一起回到了西魏軍陣中。此時西魏軍的增援趕到了，於是宇文泰掉頭迎擊侯景軍，將對方殺得大敗而逃。

侯景敗退後，高敖曹又與宇文泰對陣。面對這個老對手，宇文泰不敢輕敵，他調集了西魏軍最精銳的部隊圍攻高敖曹，最終高敖曹幾乎全軍覆沒，單騎逃往了河陽南城。

河陽南城的守將是高歡的侄子高永樂，他和高敖曹有過節，因此故意不開城門，不放高敖曹進城，導致西魏追兵趕到，將高敖曹亂箭射死。

高歡聽聞高敖曹死訊，如喪肝膽，狠狠打了高永樂兩百個軍棍。

接著，高歡又派其他將領帶兵報仇，在河橋與西魏軍展開決戰。兩軍從早到晚，廝殺不斷，戰況異常膠著。

這時，戰場上突然起了大霧，兩軍只能分成小部隊互相廝殺，誰也不知道其他兄弟部隊是勝是負。

一陣血戰後，趙貴率領的西魏左路軍和獨孤信率領的西魏右路軍都作戰失利。

在大霧中，他們也不知道宇文泰的中軍戰況如何，宇文泰本人是死是活？於是他們拋下部隊逃跑了。

率領後軍的西魏將領李虎剛趕到戰場，就看到獨孤信、趙貴逃跑，於是跟著他們一起退到了關中。

其他將領都跑了，宇文泰無奈，只能率領中軍班師回朝，洛陽重新落入了東魏手中。

至此，宇文泰與高歡的恩怨，西魏與東魏之爭，徹底進入白熱化階段……。

〈行軍篇〉中的「行軍」很容易被人誤解為軍隊的移動，但其實應該理解為「處軍」，也就是排兵布陣。

因為〈行軍篇〉的主要內容就是軍隊如何部署、駐紮、列陣，以及軍隊在不同的地方作戰要注意些什麼，著重實戰的軍事技巧。

在沙苑之戰中，東魏軍違背了「軍旁有險阻、潢井、葭葦、山林、翳薈者，必謹覆索之，此伏姦之所處也」的道理，在蘆葦叢生的地方沒有詳細探查，而是貪功冒進，導致慘敗。

在河橋之戰中，由於突降大霧，兩軍的陣形均受到了嚴重影響，戰局被分割成許多小塊，雙方的作戰都沒了章法，純粹就是混戰。

在〈行軍篇〉中，孫子根據各類戰爭的現象，提出了三十多種「相敵」的方法，儘管現今的戰爭環境和過去相比有了很多新變化，但本篇蘊含的博弈之道仍值得我們細細探究。

戰爭中總是充滿了各種不確定因素，交戰雙方也往往會隱藏自己的真實意圖，放出真假難辨的資訊誤導對方，如何解讀當中有用的訊息，就非常重要。

玩過競技類遊戲的同學，應該都明白開全地圖視角的恐怖之處：以「上帝視角」去玩，對手的每一步行動、每一個動向都盡收眼底，遊戲難度瞬間大大降低。

在東西魏潼關之戰中，宇文泰透過高歡不尋常的舉動，判斷出高歡想牽制自己，幫竇泰創造攻打潼關的機會。

在〈行軍篇〉的結尾部分，孫子指出了使將士和睦的方法：將帥不能在關係疏遠時，透過懲罰使士兵屈服，這樣的服從只能是口服心不服。

反之，將帥也不能在關係親近時，對犯錯的士兵網開一面，這樣就會失去威信。

此外，孫子還提出了一個著名觀點：「兵非益多也，惟無武進，足以併力、料敵、取人而已。」也就是兵力不在於多寡，而在於如何運用。

以少勝多、以弱勝強，理論上是比較難的事，但在歷史上，這樣的案例並不罕見。究其原因，就是「兵不在多而在精，將不在勇而在謀」。

打仗最重要的並不是軍隊的人數，而在於將領要學會判明敵情，不輕舉妄動、輕敵冒進，再加上平時治軍嚴明，贏得手下的愛戴，等到了戰場上，士兵便會服從命令，執行軍事任務，這樣勝利就唾手可得了。

　　若把上述思想拓展到戰爭之外的其他領域，其實也同樣適用！將團隊團結起來，對大環境和各種資訊加以辨別、判斷，最終聚焦自身優勢，巧妙運用智慧，就能取得成功。

孫子兵法
地形篇

你懂地理嗎？

孫子兵法
# 地形篇

孫子曰：地形有通者，有掛者，有支者，有隘者，有險者，有遠者。我可以往，彼可以來，曰通。通形者，先居高陽，利糧道，以戰則利。可以往，難以返，曰掛。掛形者，敵無備，出而勝之；敵若有備，出而不勝，難以返，不利。我出而不利，彼出而不利，曰支。支形者，敵雖利我，我無出也；引而去之，令敵半出而擊之，利。隘形者，我先居之，必盈之以待敵。若敵先居之，盈而勿從，不盈而從之。險形者，我先居之，必居高陽以待敵；若敵先居之，引而去之，勿從也。遠形者，遠形者，勢均，難以挑戰，戰而不利。

凡此六者，地之道也，將之至任，不可不察也。

## 白話

孫子說：地形有通、掛、支、隘、險、遠六種。我軍可以去，敵軍也可以來，這樣的地形叫作「通」。在通形地帶，應搶占地勢高而向陽的地方，便於保持糧道暢通，這樣與敵軍交戰就有利。

「掛」是可以前進，不易撤退的地形。在掛形地帶，如果敵軍沒有防備，就可以出擊戰勝；如果敵軍有防備，我軍出擊不能取勝，而且難以退回，就不利了。

「支」是我軍出擊不利，敵軍出擊也不利的地形。在支形地帶，即

使敵軍以小利引誘我軍，我軍也不要出擊；最好帶領部隊假裝撤退，誘使敵軍出擊一半後再突然發起反擊，這樣作戰才有利。

在隘形地帶，如果我軍先到達，應部署重兵據守隘口，等待敵軍來攻。如果敵軍先到達，並部署重兵據守隘口，那我軍就不要出擊；如果敵人沒有部署重兵據守隘口，我軍就應迅速出擊，奪下隘口。

在險形地帶，我軍先於敵軍占據，應駐紮在向陽的高地以待敵軍；如果敵軍先於我軍占據向陽地，我軍應主動撤退，不發動進攻。

在遠形地帶，敵我勢均力敵，就不宜上前挑戰，勉強作戰於我軍不利。

以上六點，是利用地形的關鍵，這是將帥的重要責任，不能不認真研究。

## 原文

故兵有走者，有弛者，有陷者，有崩者，有亂者，有北者。凡此六者，非天之災，將之過也。

夫勢均，以一擊十，曰走；卒強吏弱，曰弛；吏強卒弱，曰陷；大吏怒而不服，遇敵懟而自戰，將不知其能，曰崩；將弱不嚴，教道不明，吏卒無常，陳兵縱橫，曰亂；將不能料敵，以少合眾，以弱擊強，兵無選鋒，曰北。凡此六者，敗之道也，將之至任，不可不察也。

## 白話

軍隊失敗的情況有走、弛、陷、崩、亂、北六種。這六種情況都不是天災造成的，而是將帥的過失所導致。

在敵我條件相當的情況下，以一擊十而導致軍隊敗逃，叫作「走」；士兵強悍而將吏懦弱，導致軍隊失敗，叫作「弛」；將吏強悍而士兵懦弱，導致軍隊失敗，叫作「陷」。

部將心懷憤怒，不聽指揮，遇到敵人就憤然自行出戰，將領不了解他

們的能力，從而導致軍隊失敗，叫作「崩」。將領軟弱，對部下管束不嚴，教導不善，士兵沒有紀律，布陣雜亂無章，導致軍隊失敗，叫作「亂」；將領不能正確判斷敵情，以寡敵眾，以弱擊強，沒有選擇精銳部隊作為先鋒，導致軍隊失敗，叫作「北」。

以上六種情況，是軍隊失敗的原因所在，這是將帥的重大責任，是不能不認真研究的。

夫地形者，兵之助也。料敵制勝，計險阨遠近，上將之道也。知此而用戰者必勝，不知此而用戰者必敗。

故戰道必勝，主曰無戰，必戰可也；戰道不勝，主曰必戰，無戰可也。故進不求名，退不避罪，唯民是保，而利於主，國之寶也。

## 白話

地形是用兵的輔助條件。判明敵情，制定取勝計畫，考察地形的險易，計算道路的遠近，這些是高明的將領用兵的方法。掌握這些方法去指揮作戰的必然取勝，沒掌握這些方法去指揮作戰的就必然失敗。

所以，如果戰場的情況和戰爭局勢顯示我軍有必勝的把握，即使國君下令不要出戰，也可以堅決出戰；如果戰場的情況和戰爭局勢顯示我軍不能取勝，即使國君下令出戰，也可以拒絕出戰。

所以，進攻不貪求取勝功名，撤退不推託戰敗罪責，只求保全百姓和軍隊，而且有利於君主統治國家，這樣的將帥堪稱國家之寶。

視卒如嬰兒，故可以與之赴深谿；視卒如愛子，故可與之俱死。厚而不能使，愛而不能令，亂而不能治，譬若驕子，不可用也。

將帥對待士兵如同對待嬰兒，士兵就可以跟隨將帥赴湯蹈火；將帥對待士兵如同對待愛子，士兵就可以與將帥同生共死。

但是，厚待士兵卻不能很好地用之作戰，溺愛士兵卻不能使其服從命令，局面混亂卻不能對違反紀律的士兵加以懲治，這樣的士兵就好比嬌生慣養的孩子，是不能用來打仗的。

### 原文

知吾卒之可以擊，而不知敵之不可擊，勝之半也；知敵之可擊，而不知吾卒之不可以擊，勝之半也；知敵之可擊，知吾卒之可以擊，而不知地形之不可以戰，勝之半也。

故知兵者，動而不迷，舉而不窮。故曰：知彼知己，勝乃不殆；知天知地，勝乃可全。

### 白話

只知道我軍能出擊，卻不知道敵軍不可攻擊，這樣取勝的可能只有一半；只知道敵軍可以攻擊，卻不知道我軍不能出擊，這樣取勝的可能也只有一半；知道敵軍可以攻擊，也了解我軍能出擊，卻不知地形條件不適合作戰，取勝的可能還是只有一半。

因此，懂得用兵的將帥，行動起來目的明確而不迷失方向，採取的謀略變化無窮。所以說：了解敵人也了解自己，就能必勝而不敗；了解天時也了解地利，想要取勝就萬無一失了。

　　東晉十六國時期，南燕皇帝慕容超在正月初一，於大殿上召集群臣。重大節日裡本應氣勢恢宏的奏樂，卻演奏得有氣無力，十分難聽。

南燕皇帝 慕容超

　　原來，慕容超的家族曾經為前秦效力，後來他的伯伯、叔叔起兵自立，卻來不及帶走家眷，被前秦官兵一怒之下幾乎殺光。當時，慕容超的母親剛好懷孕才免於一死，生下了他這個「全家的希望」。

夫人，是位小公子！

沒多久，前秦被後秦取代，慕容超和母親相依為命，生活在後秦的國都長安。直到建立南燕的慕容德派人去後秦找人後，才把慕容超這個侄子帶回南燕當太子——因為慕容德自己的兒子都被殺光了。

慕容超繼承皇位後，想把家人從長安接過來享福，但後秦的皇帝姚興將他們扣為人質，並給他一道難題：若想接回家人，就進獻一批皇家樂伎，或是從東晉搶一千人送給後秦。

最終慕容超咬牙做出決定，送了一百二十人的樂隊過去，以此與後秦結好，換回了自己的家人。

哈哈哈！

快走快走！

我已經迫不及待要設宴聽曲啦！

這就是開頭提到，南燕宮廷樂隊演奏不佳的原因。

為了重新組成一支豪華的宮廷樂隊，慕容超想了個很離譜的辦法：他派斛谷提、公孫歸等將領帶兵去東晉擄掠，搶來了男女青年兩千五百人，然後交給皇家音樂機構培訓成樂伎。

學院很久沒開課了吧？這裡有兩千五百人，用最短的時間把他們訓練成合格的樂伎吧！

太樂府

公孫歸

？

搶人回來後，慕容超準備論功行賞，幫將領們加官晉爵，其中公孫歸作為南燕第一權臣——公孫五樓的哥哥，一時間更是風光無限。

公孫五樓在朝中身兼諸多文武要職，總攬國家各種政務。當時的南燕百姓甚至編了一句歌謠：「欲得侯，事五樓。」意思就是想要升官封侯，就得巴結公孫五樓。

見慕容超又要封賞權勢滔天的公孫家族，桂林王慕容鎮連忙勸阻。

慕容超聽了很不高興，沒有理睬慕容鎮，過了一段時間，他又派公孫歸等人去劫掠濟南，搶奪了一千多人回來。

面對南燕的屢次挑釁，東晉徹底怒了。於是，東晉的中軍將軍劉裕請求北伐，要給南燕一點顏色看看。

這個劉裕是個狠角色：早前，東晉權臣桓玄擁兵篡逆，將晉安帝降位為平固王，自己稱帝建立了桓楚政權。結果第二年，劉裕就起兵擊敗桓玄，擁戴晉安帝復位，他也把持了東晉朝政。

得到出征允許後，劉裕率水軍從淮水逆流而上進入泗水，不久便抵達琅邪。為防止南燕軍繞後偷襲，同時保證自己的後勤補給，劉裕在所經之處修築營壘，留下了小部分軍隊防守。

你帶一小隊人馬在這裡駐守，大部隊繼續前進！

面對來勢洶洶的劉裕，慕容超急忙召集群臣商議對策，公孫五樓對局勢進行了一番分析。

東晉軍隊剛剛出擊，輕裝簡行，想要速戰，兵鋒正盛，我們不宜與之決戰。

我軍可以占據戰略要地大峴山，將東晉軍擋在外面，拖延時間消磨他們的銳氣……。

然後挑選兩千精銳騎兵向南攻擊，斷其糧道，再從兗州抽調部隊沿著山坡向東攻擊，讓敵人腹背受敵，這是上策。

命各地嚴防死守，剷除莊稼，計算好自己需要的物資總量，把多餘的全部燒掉，堅壁清野，不讓敵人得到補給。

等到敵軍疲憊不堪、糧草不濟，再找機會一招制勝，這是中策。

放敵人過大峴山，我們出城在平原地帶與之展開決戰，這是下策。

公孫五樓雖然貪腐濫權，但他給出的上、中、下三策還是比較中肯的。然而，慕容超聽完他的分析，偏偏執意要選下策。

原來，慕容超捨不得剷除莊稼、燒毀物資，又覺得南燕有上萬戰車戰馬，在平原地帶用騎兵打東晉的步兵可謂占盡優勢，能輕鬆打敗對手。

見慕容超執意要在平原決戰，慕容鎮只好向他建議出大峴山到外面迎戰，就算打不贏，還有退守的機會。

慕容超一意孤行，連慕容鎮的建議也沒聽。慕容鎮只能無奈地向一名將領述說自己的憂慮。

陛下既不剷除莊稼，堅守關隘，又不遷徙人口，躲避敵軍，還要把敵人引到自己的腹地，坐等敵人過來進攻，圍困我們，真像東漢末年的劉璋。今年國家就會滅亡，我也必然因此而死。

結果這話傳到了慕容超耳中，他勃然大怒，將慕容鎮抓起來關到了獄中。

劉裕率大軍到大峴山，沒有看到南燕的軍隊，頓時大喜過望。

我軍過了險關，現在田裡到處是莊稼，已無斷糧之憂，敵人盡在掌控之中了。

見劉裕大軍殺來，慕容超派公孫五樓、段暉等人在臨朐 屯兵五萬，只留少量老弱士兵守衛國都廣固，同時親率四萬軍隊趕去臨朐增援。

臨朐在大峴山的西北，是廣固南面的屏障，慕容超到達後，命令公孫五樓奪取附近的水源地，如果成功，缺水的東晉軍就會自亂陣腳。

結果公孫五樓剛趕到水源地，卻發現東晉將領孟龍符早就占領這地。在東晉軍的猛攻下，公孫五樓戰敗而退。

占領水源地後，劉裕將四千輛戰車分為左右兩翼，全軍組成方陣緩緩推進。當東晉軍距離臨朐只剩幾里路時，慕容超派出騎兵迎戰。

兩軍交戰時全力廝殺，打得昏天黑地，遲遲無法分出勝負。

此時，劉裕的參軍胡藩向他提了一個建議。

劉裕覺得有道理，便讓胡藩率軍偷襲臨朐城，同時又虛張聲勢，說東晉的大批援軍馬上就到。

南燕軍被這一套虛虛實實的動作搞得暈頭轉向，沒過多久，臨朐城就被打了下來。

臨朐城告破，慕容超大驚，趕緊逃到了城南的段暉軍中。劉裕率軍乘勝追擊，又把段暉軍打了個落花流水，段暉等十多名將領被斬殺。

慕容超只好退回廣固堅守，東晉軍則兵臨城下。劉裕命人築圍挖塹，準備用時間圍困拖死敵人。

與此同時，劉裕還不忘展開宣傳攻勢。他不斷派人喊話，招降南燕的將領、官吏。廣固一時間人心惶惶，投降、逃亡者眾多。

慕容超走投無路，只好派大臣韓範去向後秦求助，希望後秦能派援兵幫自己解圍。

同時，他想起了下獄的慕容鎮，就把他放出來，詢問他禦敵之策。

但慕容超仍寄望於後秦的救援，所以沒有採納慕容鎮的建議。另一方面，劉裕卻俘虜了一個能打贏攻城戰的關鍵人才——善於製造攻城武器的南燕將領張綱。

張綱投降後，劉裕讓他登上樓車向廣固城喊話，謊稱後秦軍隊已被大夏擊敗，援軍永遠也不會來了。

城中軍民不知真假，人心惶惶，每天有上千人背著糧食出去投降。慕容超見形勢危急，提出割讓大峴山以南的領土為條件，向劉裕求和，但劉裕拒絕了。

沒多久，後秦皇帝姚興派使者來見劉裕。

你回去告訴姚興，我本打算滅了南燕後，休兵三年再去攻打後秦，既然現在你們急著送死，那就來吧。

我和慕容氏關係很好，現在你攻打我的朋友，我不能眼睜睜看著不管，我已經派十萬鐵騎屯兵洛陽，如果東晉的軍隊不撤退，我就長驅直入攻打洛陽。

眾將對此很不解，覺得劉裕放狠話容易激怒對方，萬一後秦真的去攻打洛陽，廣固一時間又沒打下來，我軍就要被兩面夾攻，後果不堪設想。可劉裕卻表示後秦只是在虛張聲勢，不足為懼。

兵貴神速，如果後秦真的想救南燕，一定封鎖消息偷偷行軍，怎麼可能事先警告？這就說明後秦只是在虛張聲勢，嚇唬我們罷了。

而且後秦看到我們攻打南燕，震驚害怕還來不及，他們正在和大夏交戰，哪還有餘力去救別人？

如劉裕所料，後秦根本無力出兵救南燕。對慕容超來說，更糟的還在後面：派去求援的韓範不僅沒搬來救兵，還向東晉投降了！

韓範投降後，劉裕帶他繞著廣固城巡行。南燕軍民見求援的使者都投降了，全都陷入絕望之中。

沒多久，張綱為東晉打造的攻城武器造好了，不懂設計精巧，有各種巧妙的機關，上面還用木板和皮革作為遮擋，可以抵擋城上射過來的火石弓箭。

憑藉著這些「大殺器」，東晉軍殺傷了許多南燕士兵，攻破廣固城只是時間問題。

又是一年正月初一，慕容超登上城牆，在城上召見群臣，殺馬犒賞將士，表達自己繼續抵抗的決心。

如今已經到了生死存亡之際！我會和諸位一起抗爭到底！

此時距離他嫌音樂難聽，決定去東晉搶人，培養樂伎，剛好一年。

為了突圍，公孫五樓等將領嘗試了各種辦法：挖地道、偷襲⋯⋯但最終都沒什麼用。

眼見大勢已去，南燕尚書悅壽勸慕容超投降。但慕容超不同意。

為了報復張綱，慕容超把張綱的母親抓來，將她懸在城頭殘忍地殺害。悅壽見慕容超執迷不悟，直接打開城門放了劉裕的軍隊進城。

城破之後，慕容超和身邊的人想出城逃跑，但很快就被抓住。劉裕細數慕容超的種種罪行，慕容超只是一言不發。

最終，慕容超被送往東晉的國都問斬，南燕就此滅亡。

滅南燕之後，劉裕繼續南征北討，憑藉巨大的軍功掌握東晉的軍政大權。之後，劉裕代晉自立稱帝，建立了南北朝時期南朝的第一個政權「宋」。

為了區別宋朝，一般稱其為「劉宋」或者「南朝宋」。

在〈地形篇〉中，孫子提出了一個著名觀點：「夫地形者，兵之助也。」意思就是地形條件能輔助用兵。

本篇的主要內容，就是分析各樣的軍事地形。

孫子將地形分為「通」、「掛」、「支」、「隘」、「險」、「遠」六種，對每一種都做了詳細解釋，並指出在不同的地形條件下應該如何作戰。

除此之外，孫子還指出了「走」、「弛」、「陷」、「崩」、「亂」、「北」這六種將領指揮不當導致作戰失敗的情況。

孫子特別強調，這六種失敗「非天之災，將之過也」：這些失敗不能歸咎於環境等外在因素，完全是將領的過錯所致。

以東晉滅南燕之戰為例，慕容超的失誤可謂層出不窮。

首先他挑起戰爭的原因就非常荒唐，古代打仗講究師出有名，但他侵犯東晉的原因竟然是搶人組樂隊。

他太英明啦！

在進行戰鬥部署時，他又一意孤行，放棄利用易守難攻的優勢地形大峴山，敞開大門把敵軍放進了自己家裡。

無論是公孫五樓還是慕容鎮的建議，但凡他聽取一個，都不至於輸得這麼快、這麼慘。

慕容鎮用劉璋迎劉備入川來比擬當時的情況，其實並不恰當。劉璋迎劉備，至少認為劉備是來幫助自己的盟友，但慕容超放進來的卻是實打實的敵人。

　　相比之下，劉裕對軍事地形的研究就強多了，大軍翻越大峴山進入平原時，他就斷言自己會勝利；兩軍在臨朐對陣時，他也率先派將領搶占附近的水源地。

從性格來看，慕容超也不適合統率三軍。

他不肯遷徙百姓，堅壁清野，表面上是個仁君。對提出忠言逆耳的慕容鎮，他卻將其下獄。後來對投降的張綱，也進行了十分狠毒的報復。

沒看到我在寫信催後秦發兵嗎？！

滾！

在軍隊還有破釜沉舟，拚死一戰的能力時，慕容超無法鼓起勇氣，只是寄希望於後秦的援兵。

弟兄們！

有沒有信心？

噫

等大勢已去，再無翻轉戰局的希望時，慕容超又號召大家與敵人魚死網破，誓死不降。

在孫子看來，判明敵情，制定取勝計畫，考察地形的險易，計算道路的遠近，是高明將領的用兵方法。而像慕容超這樣剛愎自用、性格矛盾的主帥，只會白白葬送數萬將士的性命。

在本篇中，孫子指出了一套成為優秀將領的要求與標準。

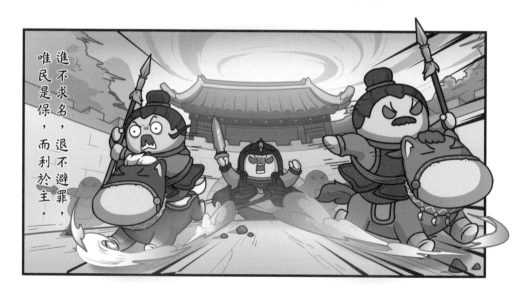

意思就是身為將領，不該貪圖功名，也不能逃避罪責，要把百姓、君主放在第一位，以國家利益為重。

所以在漫長的歷史中，雖然出現過許多戰功卓著的英勇猛將，但真正被大家尊重、紀念的人，大都是像霍去病、李靖、岳飛、戚繼光那樣，為國為民鞠躬盡瘁的忠貞之士。

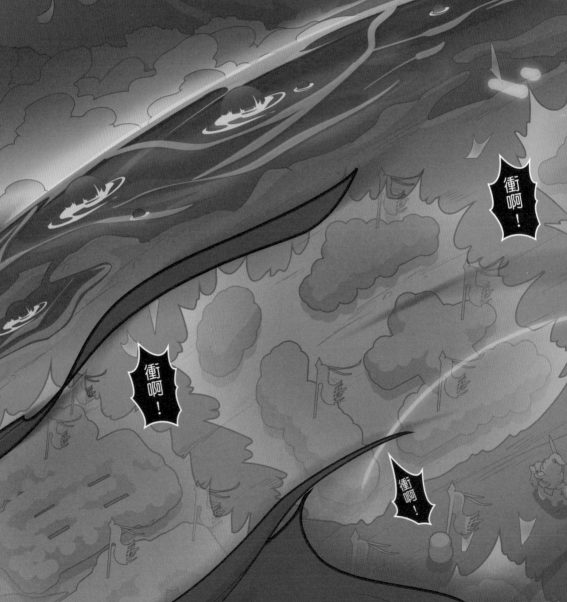

## 原文

孫子曰：用兵之法，有散地，有輕地，有爭地，有交地，有衢地，有重地，有圮地，有圍地，有死地。

諸侯自戰其地，為散地。入人之地而不深者，為輕地。我得則利，彼得亦利者，為爭地。我可以往，彼可以來者，為交地。諸侯之地三屬，先至而得天下之眾者，為衢地。入人之地深，背城邑多者，為重地。行山林、險阻、沮澤，凡難行之道者，為圮地。所由入者隘，所從歸者迂，彼寡可以擊吾之眾者，為圍地。疾戰則存，不疾戰則亡者，為死地。

是故散地則無戰，輕地則無止，爭地則無攻，交地則無絕，衢地則合交，重地則掠，圮地則行，圍地則謀，死地則戰。

## 白話

孫子說：按用兵的規律，戰地在地理上可分為散地、輕地、爭地、交地、衢地、重地、圮地、圍地、死地九種類型。

諸侯在自己的領地上作戰，叫散地；進入敵國境內不深的地區，叫輕地；我軍得到有利，敵軍得到也有利的地區，叫爭地；我軍可以去，敵軍也可以來的地區，叫交地；同時和多個諸侯國接壤，先到就可以結

交諸侯並獲得援助的地區，叫衢地。

深入敵境，背靠許多敵人城邑的地區，叫重地；山林、險阻、沼澤等難以通行的地區，叫圮地；進軍的道路狹隘，退軍的道路迂遠，敵軍以少數兵力就能擊敗我軍眾多兵力的地區，叫圍地；速戰可以生存，不速戰就會全軍覆沒的地區，叫死地。

因此，在散地不宜作戰，在輕地不宜停留，在爭地不要貿然進攻，在交地部隊要保持聯繫不斷絕，在衢地應結交諸侯，在重地應奪取物資補給，在圮地要迅速通過，陷入圍地要巧設奇謀突圍，陷入死地要拚命奮戰以求生。

## 原文

古之所謂善用兵者，能使敵人前後不相及，眾寡不相恃，貴賤不相救，上下不相收，卒離而不集，兵合而不齊。合於利而動，不合於利而止。

敢問：「敵眾整而將來，待之若何？」曰：「先奪其所愛，則聽矣。」兵之情主速，乘人之不及，由不虞之道，攻其所不戒也。

## 白話

古人說善於指揮打仗的人，是指能夠讓敵方部隊前後無法接應，主力與分隊不能互相依靠，官兵之間不能互相救援，且部隊上下級間不能協調，士兵潰散不能聚集，這樣即使敵方聚集，他們的陣形也會混亂不齊。情勢若對我軍有利就行動，若對我軍不利就停止。

試問：「如果敵軍人數眾多，而且陣容齊整地向我軍進攻，該如何應對呢？」回答是：「先奪取敵人重視的地方，這樣，敵軍就不得不聽從我軍擺布了。」

用兵之道，貴在神速，趁敵人措手不及之時，走敵人意料不到的道路，攻擊敵人沒有防備的地方。

　　凡為客之道，深入則專，主人不克，掠於饒野，三軍足食。謹養而勿勞，併氣積力，運兵計謀，為不可測。投之無所往，死且不北。死焉不得，士人盡力。兵士甚陷則不懼，無所往則固，深入則拘，不得已則鬥。是故其兵不修而戒，不求而得，不約而親，不令而信。禁祥去疑，至死無所之。

白話

　　凡是進入敵國境內，作戰的原則是：越是深入敵境，我軍的軍心就越穩，敵軍便無法戰勝我軍。在富饒的地區奪取糧草，全軍就有充足的補給；讓部隊休整，不使軍隊疲勞，提振士氣，積蓄力量；部署兵力，巧設計謀，使敵軍無法揣$_{彳ㄨㄞˇ}$測我軍動向。

　　把部隊置於無路可走的絕境，士兵就會拚死作戰而不會敗逃。既然士兵連死都不怕，怎麼會有不勝的道理？士兵人人拚盡全力。士兵一旦深陷危險境地就會無所畏懼，無路可走時，軍心反而更加穩固，越是深入敵國，軍隊的凝聚力就越強，迫不得已就會殊死戰鬥到底。

　　因此，士兵在死地作戰，不用整治就會懂得戒備，不用要求就會竭盡全力戰鬥，不用約束就能彼此團結，不用申令就會堅守紀律。禁止迷信，消除疑慮，士兵即使戰死也不會逃走。

## 原文

　　吾士無餘財，非惡貨也；無餘命，非惡壽也。令發之日，士兵坐者涕霑襟，偃臥者淚交頤，投之無所往者，諸劌之勇也。

## 白話

　　我軍士兵沒有多餘的財物，並不是他們厭惡財物；不怕犧牲生命，並非他們不想長壽。當作戰命令下達的時候，坐著的士兵淚濕衣襟，躺著的士卒則淚流滿面。把士兵置於走投無路的絕境，他們就會像專諸、曹劌那樣勇敢了。

　　故善用兵者，譬如率然。率然者，常山之蛇也，擊其首則尾至，擊其尾則首至，擊其中則首尾俱至。

　　敢問：「兵可使如率然乎？」曰：「可。夫吳人與越人相惡也，當其同舟而濟遇風，其相救也如左右手。」是故方馬埋輪，未足恃也；齊勇若一，政之道也；剛柔皆得，地之理也。故善用兵者，攜手若使一人，不得已也。

　　所以善於用兵打仗的人，能使部隊像率然一樣反應。所謂「率然」，是常山的一種蛇，打牠的頭，尾巴就會來救應；打牠的尾巴，頭就會來救應；打牠的身軀，頭和尾巴都會來救應。

　　試問：「軍隊可以像率然一樣反應嗎？」回答是：「可以。吳國人與越國人雖然互相仇視，可是當他們同船渡河而遇到大風，也會相互救援，就像一個人的左右手一樣。」所以，想用繫住馬匹、深埋車輪這種表示決一死戰的辦法來穩定軍隊，是靠不住的。若想讓全軍齊心協力，奮勇殺敵，關鍵在於管理、指揮得當；想讓強者、弱者都能各盡其力，關鍵在於能否恰當地利用地形之利。

　　所以，善於用兵的將領，能讓全軍攜手團結如同一個人，這是因為客觀形勢迫使士兵不得不進入這樣的狀態。

　　將軍之事，靜以幽，正以治。能愚士卒之耳目，使之無知；易其事，革其謀，使人無識；易其居，迂其途，使人不得慮。帥與之期，如登高而去其梯；帥與之深入諸侯之地，而發其機。焚舟破釜，若驅群羊，驅而往，驅而來，莫知所之。聚三軍之眾，投之於險，此謂將軍之事也。

　　九地之變，屈伸之利，人情之理，不可不察。

白話

　　將軍處事，要冷靜深邃，公正嚴明。能蒙蔽士兵的耳目，使他們對軍事行動一無所知；作戰部署經常變化，計謀不斷更新，讓人不能識破；不斷改變部隊的駐地，進軍迂迴繞道，使人無法推斷我軍的意圖。

　　將帥為部隊下達任務，要像登高而抽去梯子一樣，使士兵有進無退，只好決一死戰；將帥率領部隊深入諸侯國土，要像觸動弩機射出箭矢一樣，使士兵明白只可去而不可回，要燒掉船隻，砸爛釜具，激發士兵勇往直前的作戰意志，要像驅趕羊群一樣，趕過去，趕過來，沒有人知道要到哪裡去。集合全軍，將他們置於危險的境地，使之拚死奮戰，這就是將軍的職責。

　　在九種地形條件下，應敵策略的變化、進攻防守的利弊、士兵的心理狀態，這些都是將領不能不認真考察和仔細研究的。

　　凡為客之道，深則專，淺則散。去國越境而師者，絕地也；四達者，衢地也；入深者，重地也；入淺者，輕地也；背固前隘者，圍地也；無所往者，死地也。

　　是故散地，吾將一其志；輕地，吾將使之屬；爭地，吾將趨其後；交地，吾將謹其守；衢地，吾將固其結；重地，吾將繼其食；圮地，吾將進其途；圍地，吾將塞其闕；死地，吾將示之以不活。

　　故兵之情：圍則禦，不得已則鬥，過則從。

　　進入敵國境內作戰的規律是：深入敵境，軍心就穩固；淺入敵境，軍心就易散漫。越過邊境去別國作戰的，叫絕地。四通八達的地區，叫衢地。進入敵境縱深地帶的，叫重地。進入敵境淺的地帶，叫輕地。後有險要地勢而前有狹窄道路的，叫圍地。無處可走的，叫死地。

　　因此，在散地，我軍要統一全軍上下的意志；在輕地，我軍要使部隊的營地緊密相連；在爭地，我軍要使後續部隊迅速跟上；在交地，我軍要謹慎防守；在衢地，我軍要鞏固與諸侯的結盟；在重地，我軍要從敵國奪取糧草，補充軍資；在圮地，我軍要迅速通過；在圍地，我軍要堵住缺口；在死地，我軍要顯示死戰的決心。

　　所以士兵的心理狀態通常是：被包圍就會頑強抵抗，迫不得已就會拚死戰鬥，身處絕境就會聽從指揮。

## 原文

是故不知諸侯之謀者，不能豫交，不知山林、險阻、沮澤之形者，不能行軍，不用鄉導，者不能得地利。

四五者，不知一，非霸王之兵也。夫霸王之兵，伐大國，則其眾不得聚；威加於敵，則其交不得合。

是故不爭天下之交，不養天下之權。信己之私，威加於敵，則其城可拔，其國可隳。

## 白話

所以，若不了解一個諸侯國的戰略動向，便不能與其結交；不熟悉山林、險阻、沼澤等地形，便不能行軍；不使用嚮導帶路，便不能得地利。

這些情況，若有一樣不了解，就不能說是稱王爭霸的軍隊。王霸之兵攻伐大國，能使敵國軍民來不及動員集中；兵威施加在敵人頭上，可使其盟國無法支援策應。

因此，不必爭著和別的諸侯國結交，也不必培植號令天下的權勢，只要伸張自己的戰略意向，將兵威施加在敵人頭上，就可以攻取敵人的城池，摧毀敵人的國都。

施無法之賞，懸無政之令，犯三軍之眾，若使一人。犯之以事，勿告以言；犯之以利，勿告以害。投之亡地然後存，陷之死地然後生。夫眾陷於害，然後能為勝敗。

施行超出法例的獎賞，頒布打破常規的法令，指揮全軍官兵就像指揮一個人一樣。指揮士兵執行任務，不告訴他們作戰意圖；只告訴他們有利的一面，不告訴他們有害的一面。把士兵置於危險的境地，這樣之後他們才能存活；使士兵陷入死地，這樣之後他們才能活命。士兵陷入危險的境地，就會專心作戰，這樣我軍才能取得勝利。

故為兵之事,在於順詳敵之意,并敵一向,千里殺將,是謂巧能成事也。

是故政舉之日,夷關折符,無通其使,屬於廊廟之上,以誅其事。敵人開闔,必亟入之,先其所愛,微與之期,踐墨隨敵,以決戰事。是故始如處女,敵人開戶;後如脫兔,敵不及拒。

白話

所以用兵打仗這種事,在於謹慎地審察敵人的意圖,集中兵力攻擊敵人一處,千里奔襲擒殺敵將,能做到這一點,就可以稱為巧妙用兵了。

因此,作戰計畫確定之時,就要封鎖關口,銷毀通行文書,禁止與敵國的使節往來,君臣在廟堂上反覆謀畫,決定作戰大計。一旦發現敵人露出破綻,就要迅速乘虛而入。

首先奪取敵人重視的要地,不要同敵人約期交戰。執行作戰計畫要根據敵情的變化而變化,從而採取正確的作戰方針。

因此在軍事行動剛開始的階段,就像未嫁的女子一樣沉靜柔弱,敵人就會打開門戶,放鬆戒備;戰爭開始之後,要像逃脫的兔子一樣迅速行動,敵人就會來不及抵禦。

　　唐帝國時期，唐憲宗李純即位，他對安史之亂以來國家藩鎮割據的局面深惡痛絕，立志要削藩，重振皇權。

　　幾年後，淮西節度使吳少陽去世，他的兒子吳元濟隱匿父親的死訊，還偽造父親的筆跡上表：「老臣病重，想讓兒子吳元濟接替淮西節度使的職位，掌管當地軍政。」

偽裝筆跡的詭計被識破後，吳元濟徹底攤牌，不裝了，擁兵自立，發起叛亂。唐憲宗大怒，決定對淮西出兵。

淮西鎮有蔡州、申州、光州三州，地處中原，戰略地位非常重要，但多年以來一直保持著半獨立的狀態，堪稱眾藩鎮中的反面典型。

槍打出頭鳥，唐憲宗派嚴綬率軍征討淮西。嚴綬是文職出身，並非武官，面對自己不擅長的工作，他抱著「不求有功但求無過」的心態，將數萬大軍屯於淮西邊境，盡量拖延不和叛軍交鋒。

　　周圍的幾個藩鎮看到這種情況，紛紛動起了壞念頭。

於是，成德的王承宗、淄青的李師道決定附逆支援淮西。李師道甚至派人燒毀了朝廷儲藏的錢帛三十餘萬緡匹、糧草三萬餘斛。

然後，李師道又派刺客到京師，企圖暗殺力主發兵削藩的宰相武元衡、御史中丞裴度，武元衡遇害被割下首級，裴度頭部受傷。

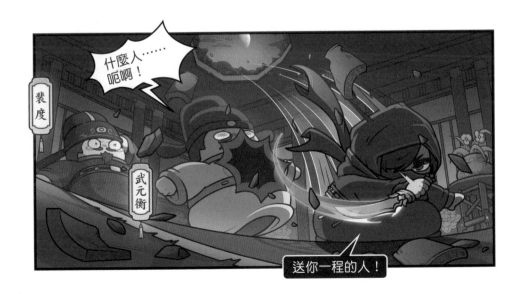

面對「恐怖攻擊」的威脅，唐憲宗削藩的決心沒有動搖，他讓裴度接替宰相一職，主持征討大計。

但此時朝廷鬧了個笑話：派出刺客的是李師道，朝廷卻誤以為是王承宗。於是，唐憲宗直接發了六道兵，以十萬兵力討伐王承宗。

由於這六道兵沒有最高統帥，難以協調行動，時不時就被王承宗抓住機會擊破，即使打了兩年也沒有什麼成果。

另一邊，淮西的戰事也不容樂觀，由於嚴綬只會「躺平」混日子，唐憲宗便將嚴綬調職，換了將領韓弘接任。

然而嚴綬只是無能，但韓弘卻有自己的計算：他並不想趕快剿滅叛軍，而是想養寇自重，只要淮西不平，他就能一直掌兵，向朝廷索要軍餉糧食。

由於韓弘不作為，淮西戰場的唐軍缺乏統一的調度指揮，只能各自為戰。東、南、北三路唐軍都順利打贏了，但西路唐軍卻陷入苦戰。

韓弘得知情況後，按兵不動，也不許手下的將領支援。

最終，西路唐軍被吳元濟集結兵力猛攻，遭遇了開戰以來最大的慘敗，舉國上下大為震驚。於是，唐憲宗決定停止對成德用兵，先集中力量平定淮西。

然而，此時有個問題擺在他面前：淮西戰場的西路唐軍剛剛遭遇慘敗，士氣極為低落，該派誰去當統帥，重整軍隊？此時，大臣李愬上疏自薦，表示願意去前線效力。唐憲宗對他的自告奮勇很欣賞，命他掛帥出征。

李愬來到前線後，見士兵們士氣低落，便故意不整軍訓練。有人看不下去，表示部隊如此懶散，你怎麼不管？李愬卻說這是麻痺對手的計策。

李愬還親自慰問將士，安撫傷患，騙他們說不必忙於戰事。

士兵們聽了都很高興，放下心來好好休養了一段時間，傷病和體能都得以休養、復原。

敵軍透過奸細知道了李愬的行為，認為他空有婦人之仁，是個懦弱無能的軟柿子，更不把西路唐軍放在眼裡了。

兄弟們，不醉不休！

哈哈哈！李愬那個傻子，我就算喝到八分醉，贏他也是簡簡單單！

敵軍不知道的是，李愬暗地裡籌備奇襲蔡州了。為此，他上表請求增兵，唐憲宗把附近的兩千步兵、騎兵都撥給了他。

陛下，臣準備趁逆賊鬆懈之際奇襲蔡州，但手底下的兵力不足，請陛下派兵增援！

不愧是李愛卿啊！這就給李愛卿增兵支援！

為了摸清敵情，李愬寬待俘虜，甚至大膽任用降將。當李愬擒獲敵人的將領丁士良時，大家都要求李愬處死他，然而李愬卻力排眾議，鬆綁邞士良。丁士良十分感動，當眾表示願意歸順。

接著，李愬想攻打文城柵，丁士良向他獻上一計。

李愬按照丁士良的情報，成功抓住吳秀琳的軍師。吳秀琳果然選擇投降。

當李愬派部下李進誠受降時，城牆上卻箭如雨下。李進誠回報，稱吳秀琳是詐降，李愬卻表示吳秀琳是嫌自己誠意不足。

隨後李愬親自來到城下，城上的箭雨立刻停下。吳秀琳走下城樓俯身下拜，李愬撫摸著他的脊背安慰了一番。

就這樣，李愬兵不血刃地收降了吳秀琳的三千人馬。

聽聞李愬厚待降將俘虜，淮西投降的人越來越多，而每次有人來投降，李愬便會細細詢問當地的地形和敵軍部署。

李愬還廢除了之前藏匿奸細者滿門抄斬的命令，被抓獲的奸細，李愬也給予優待，想辦法讓他們吐露實情，為自己所用。

情報工作處理得差不多後，李愬便向吳秀琳說了自己奇襲蔡州的計畫，問他有什麼建議。

想要攻取蔡州，我幫不上忙，
您必須得到敵軍驍將李祐的幫助。

　　聽了吳秀琳的話，李愬決定用計擒獲李祐。他趁李祐率兵在村中割麥子時，派三百人埋伏在附近的小樹林裡，又派人燒了對方的麥堆。
　　李祐大怒，率兵去追縱火的人，結果中了圈套被俘。

投降吧！

你已經無路可逃了！

李祐

以前李祐為淮西叛軍作戰，殺了許多官兵，於是大家都請求李愬殺了李祐。可李愬卻親手為李祐鬆綁，不僅免了他的罪，還對他委以重任。

為了讓奇襲蔡州的絕密計畫順利進行，李愬往往只召見李祐和幾個心腹將領商議，其他人對此毫不知情，只看到李愬和李祐經常一聊就聊到半夜。

眾人既嫉妒李愬寵信李祐，又害怕李祐是詐降，陷害全軍，很快軍中便謠言四起，每天都有人聲稱李祐是淮西派來的間諜，要求李愬明辨忠奸，剷除奸細。

李愬覺得如果謠言傳到京城，只怕自己也難救李祐，於是便先下手為強。當著大家的面給李祐戴上枷鎖，將他送往京城「交給天子問斬」。但事實上，李愬已經提前上表向唐憲宗說明了情況，唐憲宗隨即下詔赦免了李祐。

等李祐再回到軍中，就成了「天子親自放的人」，誰也不敢再說什麼了。

之後，李愬募集了三千人的敢死隊，天天親自教導、訓練他們，讓他們時刻做好出發的準備。李愬正是想用這支精銳部隊當先鋒，奇襲蔡州。

　　時間就在韜光養晦中流逝，此時已經是唐憲宗對淮西動兵的第四年，他對久戰無功的唐軍失去了耐心，於是派宰相裴度親自去前線督戰。

　　裴度剛抵達前線，就給李愬帶來了兩大好消息。

首先，裴度發現各路唐軍都有宦官監軍，而這些宦官在軍中作威作福：將士們打了勝仗，宦官會先一步冒功請賞；將士們打了敗仗，更是會被宦官百般凌辱。

裴度請旨廢除了宦官監軍，將士們這才有了積極的作戰意願。

其次，由於裴度親自來督軍，養寇自重的淮西最高統帥——韓弘，不敢明目張膽地偷懶，他派人加緊進攻，迫使淮西叛軍把主力屯駐於洄曲，李愬的目標蔡州因此守備薄弱了。

李愬先後出兵攻取了蔡州西邊和西北的許多戰略要地，又派兵打掉了蔡州南邊和西南的諸多敵方據點，切斷了蔡州和申、光二州的聯繫。

李祐見淮西主力精銳都在洄曲，守衛蔡州的全是老弱士兵，而且蔡州周邊的敵方勢力已經掃清，認為偷襲的條件已經成熟，便向李愬建議可以動手了。

於是，在一個風雪交加的傍晚，李愬命令大軍出動，李祐帶領之前訓練的三千敢死隊為先鋒，李愬自己率三千人為中軍，李進誠帶三千人殿後。

李愬只下令向東進軍，除了幾個心腹將領外，全軍上下都不知道此行的目標和任務。向東行軍六十里後，大軍於夜晚抵達了張柴村，很快殲滅當地守軍。李愬命令士兵稍微休息一會兒，吃掉乾糧，整理好戰馬的絡頭和韁繩。

隨後，李愬留了五百人留守據點，便命令大軍再次出發。將領和士兵們詢問雪夜行軍到底要做什麼，李愬回答「入蔡州取吳元濟也」，全軍上下頓時大驚失色。

此時夜深雪大，天寒地凍，唐軍的旌旗都被寒風吹裂，人馬被凍死的不計其數，士兵們都覺得自己必死無疑了，但因為畏懼李愬，再加上逃也沒法逃，只能硬著頭皮執行軍令。

強行軍七十里後，唐軍終於抵達了蔡州城附近。李愬看到近城的地方有鵝鴨池，便讓士兵去驚擾鵝鴨，藉著鵝鴨的叫聲掩蓋行軍的聲音。

四更時分，李愬軍到達蔡州城下，守城的人沒有發覺。李祐身先士卒，在城牆上掘土挖出一個個坑，憑藉這些坑爬上城牆，他率領的敢死隊緊隨其後爬上了城頭。

　　李祐等人很快殺光了熟睡的守門士兵，卻故意留下巡夜的打更人，讓他們照常打更，以免驚動敵人。

　　李祐大開城門，把唐軍都放了進來，隨後又用相同的辦法進入了內城。到天明雞叫時，大雪已經停息，李愬大軍也摸到了吳元濟居所的外衙。

此時有人察覺到異樣，趕緊叫醒正在睡覺的吳元濟，報告說官兵來了，迷迷糊糊的吳元濟卻沒當回事。

只是俘虜們在偷盜罷了，
等到白天我就把他們都殺了。

不一會兒，又有人報告說城池被攻破了。吳元濟搖搖頭，還是沒當回事。

一定是昨晚下大雪，駐守洄曲的士兵跑到我這裡來要棉衣。

等吳元濟起床時，自己在庭院裡豎起耳朵聽外面的動靜，聽到唐軍傳令，響應者約有萬人時，他瞬間嚇壞了，趕緊率領左右親隨登上內衙的衛城抵抗。

李愬派李進誠攻打衛城，沒多久，衛城上的箭就像刺蝟的毛一樣又多又密。李進誠便放火燒衛城的南門，老百姓爭相背著柴草來幫忙添火加柴。

攻勢直到下午，衛城的城門終於壞了，窮途末路的吳元濟只好投降。李進誠用梯子引他下來，接著李愬派人用囚車將他押送到京師問罪。

老大吳元濟都被抓了，剩下的申、光二州的叛軍很快放棄抵抗，相繼向唐軍投降，淮西就此平定。

另外兩個附逆的節度使——成德的王承宗和淄青的李師道，也迫於形勢投降謝罪。朝廷因為久戰疲憊、民生凋敝，便沒有太過追究其罪責。

王承宗投降了，但李師道沒過多久又舉兵反叛。不過由於連戰連敗，李師道叛軍內部出現衝突，其手下將領劉悟擒殺李師道，隨即歸順了朝廷。

至此，藩鎮割據多年的河朔之地，回到朝廷手中，唐朝也再度回歸一統，史稱「元和中興」。

〈九地篇〉是《孫子兵法》中最長的一篇，主要分析散地、輕地、爭地、交地、衢地、重地、圮地、圍地、死地這九種地理環境，並說明在不同情況下士兵會出現什麼心理變化，將領應該採取什麼樣的應對措施。

〈九地篇〉表面上是在講不同地形條件下的戰法，更深層其實是在教將領如何把握人性。人性是優缺點並存的，如何揚長避短，善加利用，非常考驗將領的指揮和管理能力。

以李愬攻蔡州為例，李愬在接任主帥時，西路唐軍剛剛遭受慘敗，士氣非常低落，此時如果再強迫士兵們訓練，只會讓他們產生牴觸情緒和逆反心理，訓練效果也不會好。

如今士氣低迷，先用懷柔政策安撫士兵，循序漸進，才是上策！

李愬親自慰問，給士兵們關懷和溫暖，同時謊稱自己就是來安撫勞軍的，不負責打仗，讓士兵們可以放心休養，身心狀態都得到徹底恢復。

等大家休養好了，李愬也收穫人心，這時他再推動訓練計畫，大家也不會反對。

對於俘虜和敵方的奸細，李愬加以善待，使對方誠心歸順，吐露情報。對於非常重要的敵將，李愬甚至親自為對方鬆綁或者以身犯險去招降，這些都是籠絡人心的手段。

對於如何向士兵下達指令，孫子在〈九地篇〉中三次強調了自己的觀點。

這樣做，一是為了保密，誰也不能保證自己的軍隊絕對沒有奸細，如果將領的作戰計畫人人都知道，那麼敵人的間諜也會對此一清二楚。

李愬從接手西路唐軍時，就定下了奇襲蔡州的計畫，但他一直只跟心腹將領商議，直到具體執行時，許多部下甚至對計畫一無所知。

話說李將軍最近都在做什麼呢？

不知道！

不關我事！

二是為了保證命令可以得到絕對的執行。

如果要讓士兵向東行進一百里到險地作戰，將領就只需下令向東行進一百里，不能告訴士兵有險地，否則一開始就會動搖軍心，命令便難以執行。

等到了險地，士兵已經無法回頭，將領再告訴他們真相，這就是孫子說的「如登高而去其梯」：已經到這個地步了，大家也只能趕鴨子上架，憑著求生的本能奮力拚殺，最終「投之亡地然後存，陷之死地然後生」。

李愬襲擊蔡州時，為了避開敵人的耳目，特地選在風雪交加的夜晚行軍，士兵、馬匹在路上凍死了不少。如果李愬提前告訴大家，要冒著嚴寒凍死的風險，長途奔襲敵人的大本營，一定很多人都會反對或膽怯。

但等軍隊走了很久並拿下一處臨時據點時，李愬再宣布這件事，士兵們已經無路可退。在這樣的雪夜，當逃兵的生還機率更小，不如跟著大部隊一起拚了。

孫子的觀點和李愬的做法，似乎都顯得有些「心機重」，甚至「冷血」，但戰爭本身就是極為殘酷的，能打勝仗，才能避免更多的犧牲——

這才是優秀的將領首先該考慮的事。

火攻篇 孫子兵法

已知用火

 **原文**

孫子曰：凡火攻有五：一曰火人，二曰火積，三曰火輜，四曰火庫，五曰火隊。

行火必有因，煙火必素具。發火有時，起火有日。時者，天之燥也；日者，月在箕、壁、翼、軫也，凡此四宿者，風起之日也。

**白話**

孫子說：火攻有五種方式：一是焚燒敵軍的人馬，二是焚燒敵軍的糧草，三是焚燒敵軍的輜重，四是焚燒敵軍的倉庫，五是焚燒敵軍的糧道與運輸設施。

運用火攻必須具備一定的條件，火攻的器材必須隨時準備好。放火要看準天時和日子。有利於火攻的天時，指的是天氣乾燥的時節；有利於火攻的日子，指的是月亮運行經過箕、壁、翼、軫這四個星宿位置的時候，凡是月亮經過這四個星宿時，就是起風的日子。

　　凡火攻,必因五火之變而應之:火發於內,則早應之於外。火發而其兵靜者,待而勿攻,極其火力,可從而從之,不可從而止。火可發於外,無待於內,以時發之。火發上風,無攻下風。晝風久,夜風止。凡軍必知五火之變,以數守之。

白話

　　凡用火攻,必須根據五種火攻所引起的變化,採取靈活的應敵之策:火在敵營裡燒起來,就要及早派兵從外面接應。火已經燒起來,但敵軍仍能保持鎮靜,我軍便要觀察等待,不要馬上進攻;等火燒到最旺的時候,看情況可以進攻就進攻,不可以進攻就停止。

　　火也可以在敵營外面燃放,不必等待內應,只要時機成熟就可以放火。要在上風口放火,不要在下風口放火。白天風刮久了,夜晚風就會停止。軍隊必須懂得五種火攻方法的變化,在適合火攻的時候把握時機實施。

 **原文**

故以火佐攻者明，以水佐攻者強。水可以絕，不可以奪。

**白話**

所以用火來輔助進攻，效果顯著；用水來輔助進攻，攻勢可以加強。但水攻只能斷絕敵軍的聯繫，卻不能像火攻那樣毀滅敵人的物資。

夫戰勝攻取，而不修其功者凶，命曰「費留」。故曰：明主慮之，良將修之，非利不動，非得不用，非危不戰。主不可以怒而興師，將不可以慍而致戰。合於利而動，不合於利而止。怒可以復喜，慍可以復悅，亡國不可以復存，死者不可以復生。故明君慎之，良將警之，此安國全軍之道也。

### 白話

若打了勝仗，攻下了城池，卻不能適可而止、停止戰爭，是非常危險的，這種浪費戰爭資源的狀況就是「費留」。所以說：明智的國君要慎重考慮這個問題，優秀的將帥要認真處理這個問題，沒有好處就不要行動，沒有取勝的把握就不要用兵，不到危急緊迫之時就不要開戰。

國君不可因為一時惱怒而興兵打仗，將帥不可因為一時生氣而與敵交戰；符合國家利益就行動，不符合國家利益就停止。惱怒可以重新變成歡喜，生氣可以重新變成高興，但國家滅亡不能復存，人死了也不能復活。所以明智的國君一定要慎重，優秀的將帥一定要警惕，這是安定國家和保全軍隊的重要原則。

東漢末年，曹操在平定北方後準備南征。面對曹操大軍壓境，劉表病逝後繼任的荊州新主劉琮望風而降，把荊州拱手送給了曹操。

當時，依附劉表的劉備只能向南逃走，曹操親率五千名虎豹精騎一路狂追，曹軍一天一夜跑了三百多里，在長坂坡追上了劉備，大敗兵少勢弱的劉備，奪得輜重不計其數。

危急時刻，張飛率二十名騎兵斷後，他據守河岸，拆掉木橋，握緊長矛，瞪圓雙眼，對曹軍大喊：「我就是翼德，誰敢來決一死戰！」

曹軍被嚇得不敢逼近，劉備才得以逃出生天。眾人都向南逃跑時，有人看到趙雲獨自向北而去，於是向劉備報告說趙雲向曹操投降了。劉備卻稱趙雲不會棄他而去，駁斥了報告的人。

沒過多久，趙雲果然懷抱劉禪，護送甘夫人回來了。

劉備等人剛剛化險為夷，就遇到了前來尋找他的東吳重臣魯肅。原來，劉表去世時，魯肅向孫權建議藉弔喪之名前往荊州，探聽劉備及劉表舊部的意向和消息，以求結盟，共抗曹操。

玄德留步！

子敬！你怎麼在這裡？

當初劉表去世，我就奉我家主公之命前來尋玄德結盟了！

魯肅一路疾行，剛趕到南郡時，就聽到了劉琮投降，劉備南逃的壞消息，只好順著劉備的大致逃跑路線尋覓，這才在長坂坡找到了劉備。

我這一路跋山涉水，總算找到你了！

魯肅問劉備接下來打算怎麼辦，劉備說自己要去蒼梧投靠老友吳巨，
魯肅卻直接挑明了結盟抗曹的意圖。

吳巨能力普通，兵力甚少，占據的地盤十分偏遠，
根本就靠不住；我家主公擁有六郡之地，兵精糧足，
足以成就大業，你為何不和我們聯手呢？

聽完魯肅的話，劉備十分高興，而魯肅則又跟諸葛亮套關係。

我是你哥哥諸葛瑾的朋友。

太好了，子龍，我們有同盟了！

於是，諸葛亮和魯肅結為好友，孫劉聯盟初步形成。

之後，劉備和關羽的水軍會合，東渡漢水後又遇到了劉表的長子劉琦，雙方合兵退到了夏口。

曹操見劉備已經逃遠，便回到荊州接收水軍，準備用荊州水軍一舉消滅劉備、孫權的勢力。

謀士賈詡勸曹操先安頓官吏、休養軍民、穩定局勢，持續壯大實力，直到足以輾壓東吳之時，孫權自然會投降。

但曹軍勢頭正盛，曹操沒有採納賈詡的建議。沒過多久，曹操便留曹仁駐守江陵，自己則率大軍沿江而下。

劉備見情況危急，派諸葛亮隨魯肅去見孫權。諸葛亮見到孫權後，先刺激了他一番。

曹操現在實力很強，威震四海，我主劉備不敵而逃，您也得掂量掂量自己的實力。

如果東吳的力量能與整個中原抗衡，那就跟他翻臉打一仗。

如果不能，不如早點按兵束甲，向北俯首稱臣。

如你所言，劉備為什麼不去侍奉曹操？

於是，諸葛亮搬出了「田橫五百士」的典故回應。田橫不過是齊國的壯士，都寧死而不辱！更何況我主劉備是帝室之冑、蓋世英才，就算大業未成，也只是天意弄人，怎麼可能屈膝投降呢？

孫權被這激將法所激，頓時大怒。

> 我也不會獻出東吳的地盤和百姓受制於人，我心意已決！
> 但劉備才剛剛戰敗，怎麼能擔起抵抗曹操的重任呢？

為了增加孫權的信心，諸葛亮向他透露其實劉備現在還有兩萬兵馬：
之前的殘軍加上關羽的水軍有一萬，劉琦部隊有一萬。

> 我們雖然剛戰敗！但還有戰力！

接著，諸葛亮又向孫權指出了曹操的弱點。

首先，曹操遠征，士卒疲憊，他曾為了追我們一天一夜行軍三百里，這就是所謂「強弩之末」。

《孫子兵法》說「五十里而爭利，則蹶上將軍」，曹操已犯了兵家大忌。

其次，北方人不習水戰，曹操的北軍雖然人數眾多，卻無用武之地。

曹操用這些荊州水軍打仗，肯定軍心不穩，孫劉聯手，齊心協力，一定能將其打敗。

而荊州新投降的軍民也只是畏懼曹操，並不是真心投降。

孫權聽完很高興，便和群臣商議對策，但曹操給孫權寄來了一封恐嚇信，聲稱「我統領八十萬水軍，要與孫權一起在吳地打獵」。江東群臣得知此信內容，紛紛被嚇破了膽。

以張昭為首的江東群臣紛紛建議孫權投降。

孫權很鬱悶，在他離席上廁所之際，魯肅跟了過來。

魯肅又建議孫權召回周瑜商量大計。孫權應允。

周瑜到來後，和諸葛亮、魯肅一樣力勸孫權不可降曹，不過他給出的理由更為霸氣。

現在曹操自己來送死，您反過來投降他幹麼？

周瑜

咳咳咳

曹操的北軍，不習水戰，而且一路到了南方必定、水土不服、疲勞多生疾病。

韓遂

此外，西涼的韓遂、馬超等人虎視眈眈，始終是曹操的後方大患。

再加上此時天氣寒冷，餵養馬匹的草料缺乏……

有這些隱患，曹操必敗無疑。

聽完周瑜的話，孫權下定決心，他當著群臣的面拔劍砍下了桌子的一角，表示誰再敢說降曹，下場有如此桌。

當天夜裡，周瑜又去見孫權，進一步分析了敵我雙方的實力。

公瑾，你把話都說到這個份上了，非常合我的心意。

張昭等人只顧自己的妻兒，懷有私心，讓我非常失望。

只有你和魯肅與我看法相同，這是上天派你們二人來輔佐我啊！

五萬精兵一時難以湊齊，但我已經選好了三萬人，船隻、糧草、軍械都已經備齊，你現在就出發吧。我會繼續派出援軍和物資糧餉，為你做好後援。

接下來，孫權正式任命周瑜、程普為左右都督，魯肅為贊軍校尉，率領黃蓋、韓當、呂蒙、凌統、甘寧、周泰等將領和三萬精兵沿江而上，與劉備的部隊結成聯軍，共同對抗曹操。

在下周瑜！奉我主之命前來助戰！

可算來了呀！

接著到了冬天，孫劉聯軍逆水而上，行至赤壁與曹軍相遇。曹軍當時正遭遇瘟疫，而且新編的北方水軍和剛剛依附的荊州水軍難以磨合，戰鬥力低下，因此敗下陣來。

初戰失利後，曹操把戰船靠到北岸烏林一側，一邊操練水軍，一邊等待良機。周瑜則把戰船停靠在南岸赤壁一側，隔江與曹軍對峙。此時，黃蓋向周瑜提出一個建議。

周瑜覺得此計甚妙，立刻決定讓黃蓋詐降曹操，到時用小船接近曹操的船隊，趁其不備放火破敵。

黃蓋給曹操送去詐降信。

我黃蓋受孫氏厚恩，本該盡忠，但天下大勢不可逆。如今以江東這點人馬抵擋整個中原的力量，誰都知道打不過，唯有周瑜、魯肅這兩人看不透。

我願意歸降丞相。按照部署，交戰之日我是打頭陣的，到時候我隨機應變為您效命。

曹操拿到信後，祕密詢問了信使一些問題，表示如果是真降，必有大賞。

就怕你們是詐降啊，但如果黃蓋是真心歸降，我必然為他加官晉爵，給他前所未有的大賞賜。

曹操雖然起了疑心，但最終還是決定賭一把。

時間很快到了決戰之日，黃蓋準備了十艘輕快的艨<sub>ㄇㄥ</sub>艟<sub>ㄔㄨㄥ</sub>戰船，滿載易燃的乾草枯柴，澆上油膏，外面用紅色的幔布蓋住，插上旌旗龍幡偽裝好。

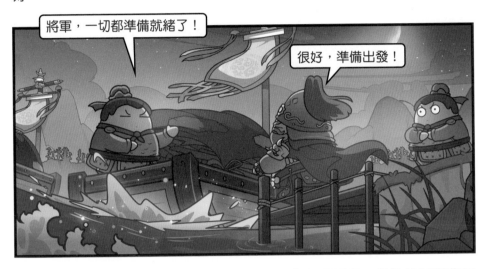

當天，東南風很大，黃蓋的十艘船在江中順風而行，很快就逼近曹軍的船隊。黃蓋讓手下的士兵們齊聲大喊「降焉」，表示自己是來投降的。

本就毫無防備的曹軍官兵聽到叫喊聲，都伸長了脖子觀望，指著黃蓋的船隊討論對方要來歸降了。

等到距離曹軍只有二里多時，黃蓋下令各船同時點燃柴草，順著風向曹軍衝去。

在大風的助攻下，頃刻間火光衝天、濃煙四起，連曹操岸上的各個營寨都受到了火勢波及。曹軍陷入慌亂，潰不成軍，許多人都跳船求生，人馬被燒死、溺死的不計其數。

不過，黃蓋也在戰鬥時不慎被弓箭射中，掉入了冰冷的江水中，後來被東吳士卒救起。這些士兵竟然不認識黃蓋，把濕漉漉的他放到了廁所的便器上就不管了。

黃蓋受了傷又幾乎被凍僵，已經命在旦夕，只好大聲呼救。韓當聽到後，認出是黃蓋的聲音，這才找到黃蓋，痛哭流涕地幫他換上了一身乾燥暖和的衣物。黃蓋因此得以生還。

主戰場上，趁著曹軍被大火侵襲，孫劉聯軍的精銳輕裝簡行，橫渡長江殺來，讓曹軍的情況雪上加霜。

曹操見敗局已無法挽救，當即燒掉了自己剩餘的船隻，率領軍隊沿華容道向江陵方向逃走。

逃亡途中，曹軍因道路泥濘，行進極為艱難，老弱殘兵被馬匹踐踏，陷在泥中，死了很多人。

孫劉聯軍水陸並進，一直尾隨追擊，但沒能追上，曹操成功逃回了江陵。因為擔心大戰失利導致後方不穩，曹操派曹仁、徐晃鎮守江陵，自己則回到了北方大本營。

就這樣，赤壁之戰以孫劉聯盟的勝利而告終，為後來的三國鼎立局面奠定了基礎。

〈火攻篇〉的大多數內容，都是講對敵作戰時使用火攻的原則，包括火攻的目標、使用火攻的條件，以及發起火攻後根據戰況所做的兵力調配部署。

孫子強調，火攻需要在天氣乾燥時利用風向。在赤壁之戰中，周瑜、黃蓋用火攻之時，正是乾燥的冬季，而且風向對己方有利。

此外，周瑜、黃蓋還利用了曹軍的一個破綻，那就是曹軍的船隊首尾相接，連在一起，一旦起火，火勢就會迅速擴散，殃及全軍。

在元末時期，有個和赤壁之戰十分相似的戰例——朱元璋和陳友諒的鄱陽湖之戰。鄱陽湖之戰和赤壁之戰的相似之處，除了在水面用火攻，還有一點就是，他們都是以少勝多、以弱勝強。

強勢一方則往往不喜歡用火攻去賭：因為火攻是有一定風險性的，風向一轉，搞不好自己反受其害。

而且孫子說「夫戰勝攻取，而不修其功者凶」：取得勝果卻不能適可而止，是十分危險的。用火攻的話，一把火燒過去就什麼都不剩了，想停下也十分困難，不利於奪取戰利品和抓獲俘虜。

完啦，糧草都燒沒了！

戰利品也焦了。

當然，如果具備火攻的條件，卻不加以利用，也會白白浪費戰機。前面〈行軍篇〉講到的沙苑之戰，高歡就是大意輕敵，聽信了手下要「活捉宇文泰」的話，最終沒有放火才導致失敗。

聽我說，

謝謝你！

這裡蘆葦這麼多，我幹麼不用火攻之計，放火燒西魏大軍呢？

萬萬不可！燒死宇文泰太便宜這小子了，應該活捉他，然後當眾處死！

在本篇末尾，孫子提出了一個觀點：國君、將領不能一怒之下發動戰爭或與敵人交戰，要時刻保持冷靜，用理智去權衡利弊。

這個觀點看似和火攻之法沒什麼關係，但《左傳》說過：「夫兵，猶火也，弗戢ㄓ，將自焚也。」意思是發動戰爭就像放火一樣，不及時止息，就會焚毀自己。

放火很容易，但想控制火勢卻很難；發起戰爭很容易，但想控制戰爭的走向很難——這是同樣的道理。

所以，在戰爭或者對抗關係中，戰略決策往往有著不可逆的巨大影響，決策者必須三思而後行。

孫子兵法

# 用間篇

間諜不只家家酒

孫子兵法 用間篇

**原文**

　　孫子曰：凡興師十萬，出征千里，百姓之費，公家之奉，日費千金。內外騷動，怠於道路，不得操事者，七十萬家。

　　相守數年，以爭一日之勝，而愛爵祿百金，不知敵之情者，不仁之至也，非人之將也，非主之佐也，非勝之主也。故明君賢將，所以動而勝人，成功出於眾者，先知也。先知者，不可取於鬼神，不可象於事，不可驗於度，必取於人，知敵之情者也。

**白話**

　　孫子說：凡是用兵十萬，千里征戰，百姓的花費，國家的開支，加起來每天要耗費千金；前方後方騷動不安，一路上疲於運送物資，不能從事耕作的民眾多達七十萬家。

　　戰爭持續數年，是為了取得最終的勝利，如果吝惜爵祿和金錢，不願重用間諜，最後因不了解敵情而遭受失敗，那就不仁到了極點，這樣的人不配當軍隊的將帥，也不是國君的好助手，更不可能成為勝利的主宰者。因此，英明的國君、賢能的將帥之所以能一出兵就戰勝敵人，而且功業遠超出一般人，就在於他們事先了解敵情。

　　要事先了解敵情，不可求神問鬼，不可用相似的現象類比推測，不可基於日月星辰運行的位置去推驗，一定要取之於人，從熟悉敵情的人那裡獲取情報。

故用間有五：有鄉間，有內間，有反間，有死間，有生間。五間俱起，莫知其道，是謂「神紀」，人君之寶也。

鄉間者，因其鄉人而用之。

內間者，因其官人而用之。

反間者，因其敵間而用之。

死間者，為誑事於外，令吾間知之，而傳於敵間也。

生間者，反報也。

間諜的運用有五種類型：鄉間、內間、反間、死間、生間。五種間諜同時使用，敵人就無法捉摸我方用間的規律，這就是神祕莫測地使用間諜的方法，也是國君克敵制勝的法寶。

所謂鄉間，是指利用敵國的鄉野百姓做間諜。

所謂內間，是指收買敵國的官吏做間諜。

所謂反間，是指讓敵方間諜為我方所用。

所謂死間，是指故意散布虛假情報，讓我方間諜知道後傳給敵方間諜。

所謂生間，是指間諜偵察完敵情後能安全回來報告。

故三軍之事，莫親於間，賞莫厚於間，事莫密於間，非聖智不能用間，非仁義不能使間，非微妙不能得間之實。微哉！微哉！無所不用間也！間事未發而先聞者，間與所告者皆死。

所以在處理三軍之事時，沒有什麼人會比間諜更值得作為親信，沒有

什麼獎賞會比賞給間諜的更優厚，沒有什麼事情會比使用間諜更機密。不是聖明睿智的將帥不能使用間諜，不是仁慈慷慨的將帥不能使用間諜，不是心思縝密的將帥不能察知間諜情報的真偽。

微妙啊，微妙啊！沒有什麼地方是不需要使用間諜的！用間的計謀尚未施行就被洩漏出去，這種情況下間諜和他所告訴的人都要處死。

 **原文**

凡軍之所欲擊，城之所欲攻，人之所欲殺，必先知其守將、左右、謁者、門者、舍人之姓名，令吾間必索知之。必索敵間之來間我者，因而利之，導而舍之，故反間可得而用也。因是而知之，故鄉間、內間可得而使也。因是而知之，故死間為誑事，可使告敵。因是而知之，故生間可使如期。五間之事，主必知之，知之必在於反間，故反間不可不厚也。

**白話**

凡是要攻擊的敵方軍隊，要攻打的敵方城池，要誅殺的敵方人員，必須預先了解守將、守將的左右親信、警衛、看守城門的人，以及看守官署的人的名字，命令我方間諜一定要偵察清楚。必須搜查出敵方派來的間諜，對其重金收買利用，誘導之後再放他回去，這樣反間就可以為我所用了。

248

根據從反間那裡得到的情報，就可以使用鄉間、內間了。根據從反間那裡得到的情報，就能讓死間傳遞虛假情報給敵人了。根據從反間那裡得到的情報，就能使生間按期回來報告了。

　　五種間諜的使用情況，國君都必須掌握，其中的關鍵在於利用反間。所以，對反間不可不給予優厚的待遇。

　　昔殷之興也，伊摯在夏；周之興也，呂牙在殷。故明君賢將，能以上智為間者，必成大功。此兵之要，三軍之所恃而動也。

　　從前殷商的興起，是由於伊尹曾在夏做過間諜；周的興起，是由於呂牙曾在殷商做過間諜。所以明智的國君、賢能的將帥，能任用極有智謀的人做間諜，這樣必可成就偉大的功業。這是用兵的關鍵，三軍都要依靠間諜提供的情報來部署軍事行動。

在西晉攻滅孫吳後，正式結束三國鼎立的分裂局面。然而，短短十一年後，西晉就爆發一場歷時十六年的皇族內亂——八王之亂。

這場規模浩大的內亂使國家動盪不安，權臣大將紛紛擁兵自重，割據一方，匈奴、鮮卑、羯、羌、氐等民族也趁機舉兵，冒出許多新政權。

爆發內亂的幾年後，前趙皇帝劉聰派遣石勒等將領率軍攻晉，不久後攻破晉都洛陽，俘獲了晉懷帝。

隨後，石勒進軍河北，占據襄國為自己的根據地。西晉的驃騎大將軍、幽州刺史王浚派兵攻打石勒。

在此之前，雙方已有過數次交鋒，王浚兵強馬壯，又有段氏鮮卑等民族支持，而石勒只是前趙將領中的其中一個，因此王浚次次皆贏。

不出意外，這次王浚又打敗石勒，不過石勒在這次戰役有個重大收穫：生擒段氏鮮卑的首領之一段末波。

士兵們紛紛要求把段末波斬首示眾，然而石勒卻表示留著他日後或許能派上用場。

果然，其餘的段氏首領為救段末波，祕密獻出金銀馬匹向石勒求和。
石勒則大擺宴席款待段末波，後來還將他送回了遼西。

段氏鮮卑大為感動，不久後就背棄了王浚，轉而和石勒結盟。

王浚出身豪門，他父親王沈就是西晉的驃騎將軍，作為一個超級官二代，王浚的人生可謂官運亨通，順風順水。

王浚也因此形成了飛揚跋扈、暴虐不仁的性格，一言不合就對手下又打又罵，甚至殺掉。很多跟隨王浚的人，都只是畏懼他的權勢或者看中他的強大兵力，並不是死心塌地跟著他。

相較之下，石勒則出身寒微，他是羯族人，年輕時甚至一度被抓，當過奴隸，飽受屈辱。

早年的悲慘經歷，不僅磨練石勒的意志，還讓石勒變得平易近人，沒什麼架子，能夠禮賢下士，從諫如流，因此很多人都願意追隨他。

在收服段氏鮮卑後，石勒又攻取鄴城、定陵、兗州……所到之處許多官吏軍民都來歸降。連原本支持王浚的北方遊牧民族——烏桓，也站到了石勒這邊，王浚因此實力大減。

此時的王浚不僅沒有意識到危險將至，甚至做起了皇帝夢：他看晉懷帝被俘，國家無主，就產生了不臣之心，自己假立「太子」，又安插親信出任「百官」。

其中，他的女婿棗ᵖᵤ嵩ᵍᵘ，沒有才能卻身居高位，整天就會斂財，老百姓甚至編了一首民謠來諷刺他。對此，王浚也只是睜一隻眼閉一隻眼。

許多忠臣見王浚圖謀篡位，倒行逆施，紛紛勸諫他，王浚竟然把他們全殺了。後來王浚向名士霍原詢問關於稱帝的準備，高風亮節的霍原拒絕回答。

王浚就誣陷霍原暗通盜賊，把他斬首示眾。

王浚遠賢臣、親小人，逐漸眾叛親離。石勒覺得時機已到，可以攻打王浚了，於是派遣使者假裝友好，去打探一下對方的虛實。

此時石勒的首席謀士張賓為他分析了一番局勢。

石勒聽從張賓的建議，精心挑選兩位能力出眾的間諜——王子春和董肇，帶著書信和許多珍寶去見王浚。

石勒在信上對王浚極盡奉承。

此外，董肇還拜見了棗嵩，用重金賄賂他，讓他在王浚面前幫石勒說好話。見錢眼開的棗嵩果然答應了。

王浚正因為許多人背棄他而煩悶，聽到石勒要歸附自己，瞬間大喜，但他也覺得此事蹊蹺，就詢問王子春一番。

王浚聽了非常高興，大大封賞王子春和董肇，同時又挑選使者去石勒那邊回禮，順便打探一下石勒是不是真心歸降。

不久，王浚的使者來到襄國，石勒親自迎接，並將精兵強將都藏起來，把老弱病殘的軍隊和一窮二白的府庫展現給使者看。

隨後，石勒向北朝拜，恭敬地接受了王浚的書信。

接著，石勒又在家裡宴請使者。他家的牆上掛著一把塵※尾，石勒一見它就下拜，使者對此感到很奇怪。

這一套卑微到極點的戲法，成功騙住了使者。

使者回去後，把自己的見聞一五一十地彙報給王浚。王浚由此認為石勒「至真至誠，絕無二心」。

這麼說，這石勒是真心的！

同一時期，石勒還得到了一個「神助攻」。

王浚手下有個官員叫游統，當年王浚擅自分封百官時，大多數官員都留在朝內任職，游統卻被外放到了范陽，因此他對王浚心懷怨恨。

後來，游統的弟弟游綸投奔石勒，游統利用這個機會，暗中派使者向石勒表示想要歸附。

只要您同意，我家大人就會找機會和您裡應外合。

石勒權衡利弊，覺得游統實力有限，吸納他也沒什麼大用，可這是個迷惑王浚的好機會，於是他殺了游統的使者，將其首級送給王浚並說明了情況。

不好意思，雖然我看不上你們的實力，但是拿你們迷惑王浚那傢伙卻正好！

此事過後，王浚雖然沒有追究游統的責任，卻更加相信石勒「完全忠於自己」，不再懷疑他有什麼陰謀了。

王公，要不要屬下把他解決了？

小角色，不用管他。

游統

不久，石勒派董肇去見王浚，約定日期親自去幽州為他奉上尊號。石勒還不忘給棗嵩寫了封信，讓他向王浚多美言幾句，日後必有重謝。

你馬上去告訴王浚，過段時間我親自去為他奉上尊號！

把這封信送給棗嵩！

石勒詢問王子春，「王浚將幽州治理得如何？」王子春將實情告訴石勒。

幽州去年發大水，老百姓都沒東西吃，王浚囤積了許多粟米，卻不用來賑災。

他性情殘暴，為政苛刻，賢良的人才紛紛離他而去，鮮卑、烏桓等部落都背叛他。

如今幽州民生凋敝、軍力虛弱，王浚卻還修建臺閣，大封百官，自稱漢高祖劉邦和魏武帝曹操都比不上他。

老百姓都知道他要完蛋了，他還一派輕鬆的樣子，這就是死期將至了。

確實可以去擒王浚了。

石勒下令全軍戒備，準備發兵。為了防止軍事機密被洩漏，他還一不做二不休把游綸殺了，只因他哥哥游統還在王浚手下做事，有洩密的風險。

然而過了好幾天，石勒都沒有下令出發，張賓著急地問為什麼。

劉琨是晉國的并州刺史，是當時比較有實力的軍閥之一，他早年招撫過石勒，卻被石勒拒絕，之後雙方各為其主，有過一些摩擦。

而劉琨和王浚雖然同為晉臣，卻也曾因爭奪冀州大打出手，結下過仇怨。

劉琨和石勒、王浚都有過節，如果他介入石勒襲擊王浚的計畫，那很有可能產生變數。對此，張賓獻上一計。

於是，石勒派使者送上親筆信和人質給劉琨。在信中，石勒措辭謙卑地「陳述自己以前的罪惡」，請求用討伐王浚來補償。

劉琨收到信後，果然決定隔山觀虎鬥，不插手此事。

沒過多久，石勒的先鋒部隊抵達范陽附近，鎮守范陽的正是游統，他的部將孫緯派人報告王浚，同時請求帶兵抵禦石勒。

游統不知道自己的弟弟游綸已被石勒殺死，還以為石勒是按照約定親自來給王浚奉上尊號的，便禁止孫緯出兵迎戰。

王浚得到孫緯的報告後，和游統想得一模一樣，頓時大怒。

於是心懷疑慮的大臣和將領都不敢再勸諫，王浚則命人準備宴席款待石勒。很快，石勒大軍暢通無阻地來到了王浚所在的薊城。

到了城下，石勒呼喚守衛開門，守衛立刻大開城門。

石勒覺得太過順利，懷疑王浚已經識破自己的計謀，在城裡設了伏兵「請君入甕」。

於是，石勒先讓人驅趕幾千頭牛羊入城，聲稱這是送給王浚的禮物，但其實是讓這些牛羊亂跑以阻塞城裡的街道，讓王浚的軍隊無法通行。

到這時，王浚才開始感到害怕，一會兒坐下，一會兒又站起來。石勒率軍包圍了王浚的府邸，王浚才走出大堂就被石勒的手下捉住。

石勒細數了王浚任用奸臣、殘虐百姓、陷害忠良、禍害地方等諸多罪狀，並表示今天的下場是他咎由自取。

之後，石勒命人將王浚送往襄國處斬，又以貪財亂政、禍害百姓為由殺了棗嵩，以不忠其主為由殺了游統。

　　石勒在薊城停留了兩天，把王浚的宮殿全燒了，任命自己的手下擔任幽州刺史，隨後率軍回到了襄國，前趙皇帝劉聰對他大加封賞。

　　戰勝王浚後，石勒繼續南征北討，掃平了包括劉琨在內的諸多敵人，為前趙立下了赫赫戰功。

等到前趙皇帝劉聰病逝後，國內發生內亂。手握重兵、威望很高的石勒就在襄國自立，建立了後趙政權。

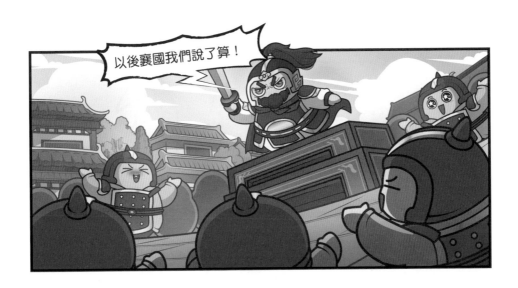

之後，石勒率軍攻滅前趙，正式稱帝，就此成了中國歷史上唯一一個從奴隸當到皇帝的人。

在〈用間篇〉中，孫子講解使用間諜的方法和原則，他認為間諜是用兵作戰極其重要的環節，全軍都要依據他們提供的情報來謀畫軍事行動。

孫子將間諜的運用分為五種：鄉間、內間、反間、死間、生間。

這五種間諜配合使用，會讓敵人眼花撩亂，防不勝防

鄉間，是收買敵國的普通人做間諜；內間，是收買敵國的官吏做間諜；反間，是策反敵人的間諜為己方所用；死間，是間諜去敵營散播假消息，一旦真相敗露難免被殺死；生間，是間諜能活著回來報告敵情。

對於間諜的使用，孫子也提出了「親信」、「重賞」、「絕密」三大原則。以石勒用間勝王浚為例，石勒安排王子春和董肇代表自己去假意歸降王浚，王子春趁機摸清了幽州的各方面情況，返回後向石勒報告，這是「生間」。

石勒用重金收買了貪財的棗嵩，讓他在王浚面前不斷替自己說好話，這是「內間」。

使用間諜的三大原則，石勒也運用得非常好：首先，他並不是隨便選人當間諜，而是選了能力出眾又忠心耿耿的王子春和董肇，這是「親信」原則。

對於棗嵩，石勒不惜錢財，花重金收買，還親自寫信給對方。

對於王浚的使者，石勒也親自迎接，禮遇有加，不僅態度畢恭畢敬，還專門請使者在家中吃飯。

雖然石勒的這些行為都有目的，但也符合「重賞」原則。

為了使偷襲計畫順利進行，石勒殺死了投奔自己的游綸，只因他哥哥游統還在王浚手下做事——即使游統曾經也想歸附自己。

這件事看似冷血無情，甚至可以說很缺德。游綸、游統兩兄弟以真心換來殺身之禍。但對於石勒這種亂世梟雄而言，如何打勝仗才是他的首要考量。

游綸投奔自己，是否忠誠、口風緊不緊都不確定，難保他不會跟哥哥通風報信。就算只有一點洩密的風險，也要澈底斷絕，這就是「絕密」原則。

在一連串嚴絲合縫的精心運作下，王浚澈底被石勒迷惑，真的以為石勒會像「對待父親一樣」侍奉自己。

才會在石勒率兵前來時，王浚叫手下的將領不要抵抗，等他被抓時，還要罵石勒「為什麼戲弄你爸爸」。

古往今來，利用間諜取勝的戰爭案例可謂數不勝數，而早在兩千多年前，孫子就非常詳細地說明間諜的重要性，有條理地提出用間的方法和原則，實在讓人不得不佩服。

**【看漫畫學經典】**

# 孫子兵法（下）：九變、地形、火攻、用間

Y20

| | |
|---|---|
| 作　　　者 | 賽雷 |
| 專業審訂 | 傅敬軒 |
| 責任編輯 | 胡雯琳 |
| 封面設計 | FE 工作室 |
| 內文排版 | 簡單瑛設 |
| 校　　　對 | 呂佳真 |
| 印　務　部 | 江域平、黃禮賢、李孟儒 |

| | |
|---|---|
| 出　　　版 | 晴好出版事業有限公司 |
| 總　編　輯 | 黃文慧 |
| 副總編輯 | 鍾宜君 |
| 編　　　輯 | 胡雯琳 |
| 行銷企畫 | 吳孟蓉 |
| 地　　　址 | 104027 台北市中山區中山北路三段 36 巷 10 號 4 樓 |
| 網　　　址 | https://www.facebook.com/QinghaoBook |
| 電子信箱 | Qinghaobook@gmail.com |
| 電　　　話 | （02）2516-6892　　傳　　真｜（02）2516-6891 |

| | |
|---|---|
| 發　　　行 | 遠足文化事業股份有限公司（讀書共和國出版集團） |
| 地　　　址 | 231023 新北市新店區民權路 108-2 號 9 樓 |
| 電　　　話 | （02）2218-1417　　傳　　真｜（02）2218-1142 |
| 電子信箱 | service@bookrep.com.tw |
| 郵政帳號 | 19504465（戶名：遠足文化事業股份有限公司） |
| 客服電話 | 0800-221-029　　團體訂購｜02-2218-1417 分機 1124 |
| 網　　　址 | www.bookrep.com.tw |
| 法律顧問 | 華洋法律事務所／蘇文生律師 |
| 印　　　製 | 凱林印刷 |

中文繁體版透過成都天鳶文化傳播有限公司代理，由中南博集天卷文化傳媒有限公司授予晴好出版事業有限公司獨家出版發行，非經書面同意，不得以任何形式複製轉載。

| | |
|---|---|
| 初版一刷 | 2024 年 7 月 |
| 定　　　價 | 450 元 |
| ＩＳＢＮ | 978-626-7396-86-5 |
| ＥＩＳＢＮ | 978-626-7396-84-1（PDF） |
| ＥＩＳＢＮ | 978-626-7396-83-4（EPUB） |

國家圖書館出版品預行編目 (CIP) 資料

（看漫畫學經典）孫子兵法 . 下：九變、地形、火攻、用間 / 賽雷著 . -- 初版 . -- 臺北市：晴好出版事業有限公司出版；新北市：遠足文化事業股份有限公司發行, 2024.07
280 面；17×23 公分
ISBN 978-626-7396-86-5（平裝）
1.CST: 孫子兵法　2.CST: 漫畫
592.092　　　　　　　　　　113007267